U0576933

细菌与人

高士其

著

中国国际广播出版社

·自序·

这里是 29 篇科学小品的结集。谈的尽是些生物界细微琐屑的事，却篇篇都与人生有关。

原想叫这集子作《蚂蚁大王》，就写成了这样的序：

大王这称呼老了，然而现在我却又拿来做这本书的招牌。

是山里的大王么？是庙里的大王么？还是朝堂上的大王呢？

不，我决不单指哪一个。

我泛泛地指着地球上会装腔作势摇摇摆摆的那一群。

蚂蚁呢？它一向是给人看不起的。为的身子小，然而现在竟有比它还要小的一大众。小到连蚂蚁的眼睛都看它不见。大王更不必说了。然而它却时时要压倒大王的架子。

在大王没有认识它之前，我权借蚂蚁的名字租给它。

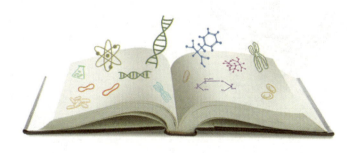

大王一没落，蚂蚁就抬头了。

现在蚂蚁爬在大王的头上，弱小者都起来了！

这种话不要说多了。说多了，要给秦始皇拿去烧！

那么别的话，我也不说了。

不过，我该声明一下，这集子开头第一篇，就是"大王，鸡，蚂蚁"。然而"鸡"我并没有写到，因此轻轻地放走了它，单剩下大王和蚂蚁这一对冤家。

我写完了，又不满意。心机一转，干脆一点儿，还是称这集子作《细菌与人》吧！

大王就是指人，蚂蚁指细菌。

这是我的序。

1936 年 4 月 14 日 上海

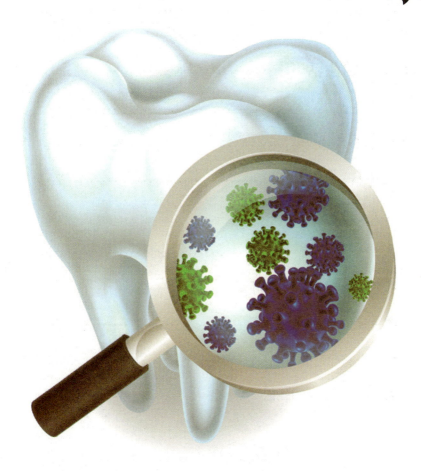

目录

概　论

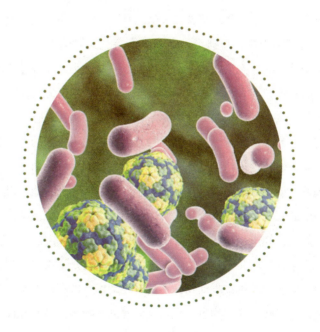

大王、鸡、蚂蚁

晚间无事，看见窗外一钩新月挂在柳树枝头，引起了我童年的回忆，想起在故乡家中和我姊姊二人坐在月下石阶上斗指戏的乐景。这斗指戏用三个指头，大拇指、食指和小指。大拇指是大王，食指是鸡，小指是蚂蚁。大王吃鸡，鸡啄蚂蚁，蚂蚁虽小，能慢慢地侵蚀大王。斗的时候，两人都伸出这三个指头，若我的大王先食你的鸡，你的蚂蚁食我大王，我的鸡又食了你的蚂蚁，结局，我还有一蚂蚁能食你所剩下的大王，你就输了。若我的大王食你的鸡，你的大王也食我的鸡，我的蚂蚁食你的大王，你的蚂蚁也食我的大王，结局，两人都剩下蚂蚁，就不分输赢了。这虽是孩子的游戏，却隐约地表现出生物吃的循环的大势来，与现今我们所知道的自然界循环原理暗合。

我们现在知道，动物（人也在内）依植物为生，植物（细菌除外）依细菌为生，细菌又依动物为生。简单点说，就是动物吃植物，植物吃细菌，细菌又转过来吃动物，不过有些动物贪肉食而去吃其同类，有些细菌好异味，连植物也要吃。这样看来，细菌便是"蚂蚁"，植物便是"鸡"，动物却是"大王"了。

何以见得？

动物的生活需要复杂的有机物来饲养，不然就要饿死。这些有机物就是蛋白质、碳水化合物及脂肪三种。这三种只有植物能制造，动物自身没有这个本领。

就碳水化合物而言，植物所以能制造，因为它们有"叶绿素"。这"叶绿素"的功用，藉阳光之力，能将空气中的"二氧化碳"变成碳水化合物如纤维素、淀粉及糖等。皆是这些碳水化合物，又与土中所吸收的无机硝酸盐、磷酸盐、硫酸盐及水等综合而成植物细胞的原生质。

动物吃了植物之后，就将这原生质消化改造而成为动物细胞的原生质，有一大部分复经氧化，以供给体力和体温。氧化之后所剩余的废物，如阿莫尼亚尿素或马尿酸则由肾而排出体外，如二氧化碳由肺而出，如屎由肛门而出，如汗由皮肤毛管而出。

总之，植物是依无机物为生，动物是依有机物为生。动物不能利

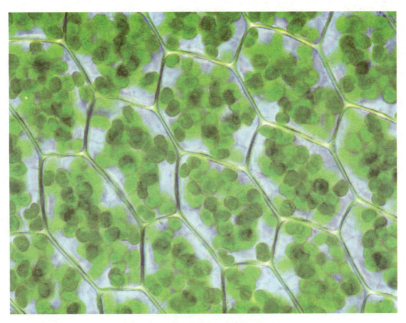

显微镜下的叶绿素

用无机物而自制原生质，所以须吃植物，然而植物也只能利用无机物，而又不能利用有机物，所以要维持地球上的生命，一定要依靠二氧化碳、硝酸盐、磷酸盐、硫酸盐及水的供给源源不绝。

除了水和二氧化碳而外，这三种无机盐的供给，若老是取而不还，又怎能不绝呢？

于是自然界请出细菌来，请细菌担任化解有机物的工作，使有机物又变成无机物，而后植物方能直接吸收，如此循环不已。

细菌怎样分解有机物呢？

你们想一想吧，自地球上有了生物以来，直到如今，人类及动植物死亡的总账，真是不可量、不可数、不可称。它们都是有机物，若无法分解，岂不是要积成几百座高山，填满一切大海么？但是现在它们这些尸身腐烂到哪里去了？怎么都不见了？

细菌微微地笑着说："都给我们吃光了，化走了。"

在大吃特吃这些腐烂尸身的时候，有些细菌吃到了碳水化合物，化成二氧化碳放出来；有些细菌吃到了尿素或马尿酸，化成阿莫尼亚放出来；有些细菌吃到了蛋白质，化成氨基酸，又化成阿莫尼亚放出来。又有些细菌，叫作硝化菌，能将阿莫尼亚氧化成为亚硝酸盐及硝酸盐；又有些细菌，叫作硫化菌，能将动物所放出的硫化氢，氧化成硫酸盐；又有些细菌，叫作磷化菌，能将动物身上的磷化物，氧化成磷酸盐。此外，又有一种细菌，叫作放氮菌，能将阿莫尼亚化为氮放入空气里面；更有一种细菌，叫作固氮菌，能将空气的氮固定起来，变成硝酸盐。于是这些硝酸盐、硫酸盐、磷酸盐和二氧化碳等就可以直接供植物营养之用了。

这样地，植物预备饭菜给动物吃，动物预备血肉给细菌吃，细菌预备无机盐给植物吃，就是生物吃的大循环，若有一方罢工，食粮一

绝，同归于尽。

所以，一边吃人家的，一边就要给人家吃。

大王、鸡、蚂蚁，三者是同样的重要，既不得自私，也不必妄自尊大。贵为人类，贱如细菌，变来变去，都是元素。我们既不能逃出生物循环之外，则生死存亡，都要按照自然的定律，不惊、不怖、不畏地努力合作啊！

1935 年 8 月 23 日 上海

谈细胞

军队的单位是兵士，国家的单位是人民，生命的单位是细胞。

兵士，我们常看见，人民便是我们自己；细胞二字，有点儿生疏，我们不大懂。

细胞是不是小肉包呀？我看"胞"字，肉之旁有包，包之旁有肉，因此想起。

是了，是了，我们中国人不是称兄弟作同胞吗？就是说同一小肉包所生。不过，这里"胞"字系指子宫的胞衣。我以为还应当指细胞更为切实。

不但兄弟二人，是同一细胞所生，就是四亿七千万中国人，就是世界所有各民族，地球上一切生物，也都是由一粒原始细胞生下来的，所以"天下一家"这句老话，说得非常对。

以小肉包来形容细胞，很有点儿像。细胞的中心有胞核，好比肉包的肉心；外面有一层胞浆，好比肉包的包皮儿。可是这块肉包似的东西，身体小得很，小到人眼看不见。小虽小，在那胞核里面，却包藏着一切生的原动力啊。

既是人眼看不见，怎能知道细胞的来历呢？

这是显微镜的功劳。

显微镜，这东西，一般人都买不起，除非走到生物实验室里去参观，很少有和它见面的机会。它的构造相当复杂，我们现在只要知道

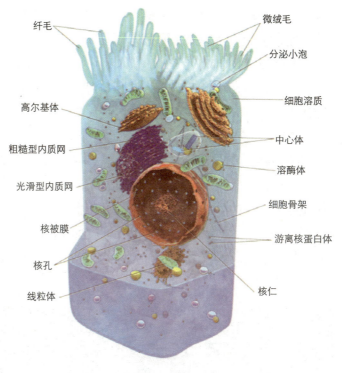

纤毛　　　　　　　　　　　　　　　　　　微绒毛

　　　　　　　　　　　　　　　　　　　　分泌小泡

　　　　　　　　　　　　　　　　　　　　细胞溶质

高尔基体

粗糙型内质网　　　　　　　　　　　　　　中心体

　　　　　　　　　　　　　　　　　　　　溶酶体

光滑型内质网

　　　　　　　　　　　　　　　　　　　　细胞骨架

核被膜

　　　　　　　　　　　　　　　　　　　　游离核蛋白体

核孔

线粒体　　　　　　　　　　　　　　　　　核仁

细胞的结构

它是一件科学宝贝罢了。

　　有了这件科学宝贝，可以把微小的东西，放大至几百倍，或1000倍以上，于是连苍蝇的蛋，也可以看得如鸡蛋一般清清楚楚了。

　　苍蝇的蛋，就是一粒细胞，一粒颇大的细胞。由那一粒蝇蛋，变成一只大苍蝇，不知要积了好几千、好几万一样大小的细胞才成。可见细胞真小。

　　还有比苍蝇蛋略小的细胞，要算是"阿米巴"了。

阿米巴，又名"变形虫"，是最小的单细胞动物，一身只有1粒细胞。它的直径，最长不过0.3毫米，不能再大了，再大了就要分身，1粒细胞裂成2粒，变成2个阿米巴。

比阿米巴再小的细胞，就是一般人素不熟识的细菌。

细菌是最小的单细胞植物，大约比阿米巴还小几十倍至百倍。它的细胞，太简单了，有时看不出胞核和胞浆的分别来，因而有人说它并没有胞核，又有人说它全身都是胞核。它也是用分身法来传种，而它分身的花样，可多着哪。这小小的细菌，生殖又快，又容易，所以子孙众多，地盘最大，真是最作怪的细胞。

还有比细菌更小几十倍至几百倍的小生物，真是小到绝顶了。这些绝小的生物，连显微镜都看不见，所以有时称作"超显微镜的生物"。关于它们的消息，都是用间接的方法得来的。它们虽和人眼这

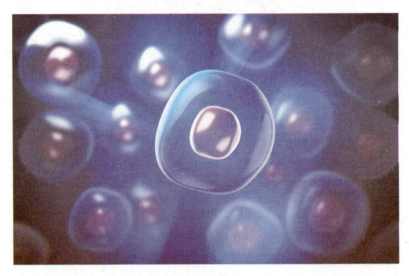

细　胞

样地隔膜，却没有和人类绝缘，天花、疯狗咬（狂犬病），这一类的传染病，就是由于它们所发生。但，它们一身，有没有一粒完完全全的细胞，还是只有一点儿，一滴儿，零零碎碎的胞浆呢？真是渺茫得很，我们一般人也不必深加追问了。

细胞不仅是那么样地，一个小过一个，大的细胞也有。大的细胞多半是动物的蛋。

鱼的蛋就大得可观了。蛇的蛋又大了。鸟的蛋更大，乃至于长颈脖大脚的鸵鸟，鸵鸟的蛋，实是蛋中的大王，细胞中最大的汉子了，这些蛋，都是生在身体外面，所以不得不大，不得不有蛋黄，蛋黄是蛋细胞的滋养料，占一粒蛋的大部分，可见蛋细胞的本身，仍是大得有限的啊。

至于普通动物身上的细胞，大小相去不远。最小的如小淋巴细胞，也有 6.5‰毫米的直径。最大的，如神经细胞，如骨髓细胞，也不过大至 1/10 毫米。其余的细胞，大小都在 1% 与 2% 毫米之间。都须用显微镜，才看得清楚。

细胞的大小，实在没有多大关系，不占若干便宜。鸵鸟固然常自夸它的蛋最大。然而它那大蛋，变来变去，只变出一只鸵鸟，不会变成更大的动物，一旦遇着一只金睛斑斓猛虎，还要拉起腿就跑，拼命地逃难。巨象的细胞，比小老鼠的细胞只大一点儿，会长出那样粗皮厚掌、利牙长鼻、雄赳赳的样子，就是狮子见了，也要恂恂地让它走过。

细胞的实力不在大，而在多，不在个体的独肥，而在群众的平均发展与一致团结。细胞团结起来，是生命最伟大的力量，是任何环境压力，所不能屈服的啊！

在山东离曲阜县城不远的孔林，孔老夫子的墓就在那里。这位大圣人身上细胞早已化光了。虽然是化光了，而现在他的奉祀官孔德成先生，还含有孔子细胞的成分，所以孔子虽死去那么久，至今他的细胞，仍留传于人世。我们不姓孔的中国人，也和孔子的后代一样，至少都含有一点点黄帝细胞的成分吧。由黄帝传到现在，这个中华民族细胞的生命，是数得清的，是整个的，是一统的呀。

现在我们民族的生命，感到绝大的威胁了。国内连年的灾荒兵匪，已把我们民族的细胞，饿得极瘦小疲乏了。国外敌人又半用武力，半用狡策，步步进攻，咄咄迫人，要剥削、残杀、灭亡我们民族的细胞。而那些汉奸以及不抵抗主义者们，只顾自身细胞的独肥独富，卖国求荣，不激发全民族抗争的力量，迁延误国。在这国家生死存亡的关头，只靠几个政府要人的折冲，少数军队的移动，是靠不住的啊！我们要全体民众总动员，全民族的细胞团结起来，一致对外。

东非的黑细胞，犹轰轰烈烈，决死抗战，不甘受意人的统治，我们堂堂华夏，岂容别的民族的细胞来主宰。

中国民众起来吧！我们中华民族细胞团结的力量，斗生的精神，是任何外力所不能屈服的啊！

1935 年 12 月 1 日　上海

"大王"的生活

人生七期

由初生到老死，这个路程，是谁都要走过的。不过，有的人不幸，在半道得了急症，或遇到意外，没有走完这条路，突然先被死神抓去了，那是例外。

在生之过程中，发育和衰老，同时进展。我们一天一天的长成，也同时一天一天的老迈了。小孩子一个个都巴不得即刻变作成人，但成人一转眼就都老了，都变成老人了。这个由小而大，由大而老之间，其实没有界线可分。天天在长，就是天天在老。生之日益多，死之辰益近。不过看哪一种成分，显得格外分明，而把一条生命线，强分为数段，也可。大约看来，在 25 岁以前，发育的成分多，25 岁以后，则衰老的成分渐多了。

16 世纪时代，英国的大诗翁莎士比亚，有过一篇千古不朽的名诗，由婴儿起到暮年止，把人生分为七期，描写得极其生动逼真。大意是这样说：咿咿唔唔在奶娘手上抱的是婴儿；满面红光，牵着书包儿，不愿上学去的是学童；强吻狂欢，含泪诉情，谈着恋爱的是青年；热血腾腾，意气甚强，破口就骂，胆大妄为的是壮年；衣服齐整，面容严肃，大声方步，挺着肚子的是中年；饱经忧患，形容枯槁，鼻架眼镜，声音带颤的是老年；塌的眼眶，没有了牙齿，聋了耳朵，舌头无味，记忆不清，到了尽头的是暮年。这样把人生一段一段的，分析下来，真有意思呀。

　　但是，莎士比亚的人生七期，是看着人情世态而描写的。我们现在也要把人生分为七期，却是依照生理学上的情形而分的。这七期，不自婴儿始，而以子宫内受孕的母卵为起点。

　　自母卵与精虫相遇，受了精以后，立时新生命就开始了。自开始至 3 个月，为第一期。这一期的变化，突飞猛进，最为奇特。在这一期里，母卵不过是直径不满 1/700 英寸的一颗圆圆的单细胞，内中却早已包含着成人所必须具备的一切重要的结构了。在这期里，还有几种结构，为成人所没有的，如第三星期，有鱼鳃的裂痕出现，如第六星期，有尾巴出现。自演化论者看来，这分明显出，人是鱼的后身、兽的子孙了。由母卵一个单细胞起，一变二，二变四，四变八，不断地变，到了第三个月，人的雏形已经完成，但仍是小得很，要用显

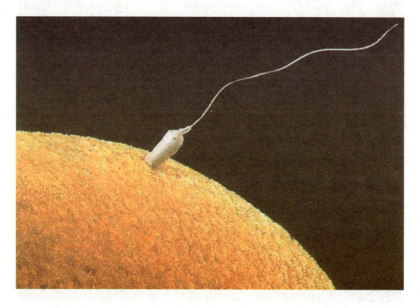

受精卵

微镜才看得清楚。这一期叫作胚胎期。

第二期是胎儿期，由第三个月起至脱离母体呱呱坠地时为止，大约有六七个月头吧。在这一期里，并没有添出什么花样，细胞仍是在变多，已完成的雏形渐渐长大、渐渐加重、渐渐成熟罢了。

在温暖的子宫内的胎儿，不会感到饥饿和窒息的恐慌。他所需要的食料和氧气，都从母亲的血液里支取，都是由胎盘输进脐带，送给他的。

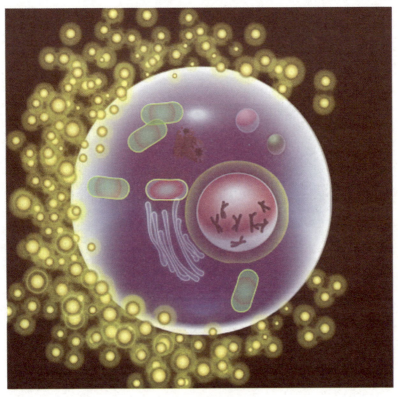

人类的卵细胞

在诞生的时候，这种食料和氧气的自由供给，突然始止。于是新生的婴儿，不得不哇的一声大哭，打通了两道鼻孔，顿时鼓动自己的肺叶，呼吸外界的新鲜空气。又哇的一声大啼，张开自己的小口尽力吸收甜美的乳汁，运用自己的胃和肠来消化食物。

这种食料供给的突变，对于发育的过程，并无重大的影响。不过在初生下来头 3 天，婴儿的体重略有低减。这多半是因为分娩后那几天乳量不足的缘故，不久就复了常态。

由呱呱坠地到 2 岁乳齿长出的时候是为第三期，叫作婴儿期。

接着，就是第四期，即幼童期，由 3 岁起，在女童到 13 岁止，在男童到 14 岁止。在这一期里，年年体重均有增加，每年约增 9%。这就是说，例如，体重 40 磅① 的儿童，每年增加 3.6 磅，体重 70 磅的儿童，每年增加 6.3 磅。假使不生疾病，不遇饥荒，这时期里体重的增加，就可以一直向上无阻了。

到了第五期，就是最宝贵的青年时期了。如春天的花一般，一朵一朵地开出来，红艳可爱，一个个女儿的性格，一个个男子的性格，很奇幻而巧妙地在这一期里长成了。一夜之间，不知不觉由娇羞的童女，一变而为多色多姿的妇人；由顽皮的童子，一变而成大声大样的男人。其间有不少不平等、参差不齐的形态与资质啦。

青年期，在女子她的标志是：月经的来临、骨盆的长大、乳峰的突起，及阴毛的出现，这大约在 13 至 14 周岁就发生了。

青年期，在男子，他的记号是：面部的胡须有了几根了；下部耻骨间的黑毛也一条一条地出来；同时好像喝了什么葫芦里的药，小孩子又尖又脆的高音，忽然变成又粗又重的沉音了。

在滋养得宜的时候，这一期里，体重和身长的增加，比儿童的时

---

① 1 磅 ≈ 0.4536 公斤。

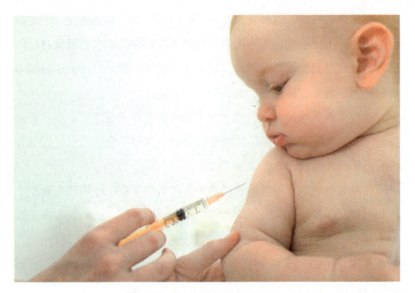

给婴儿接种疫苗

期，还来得快，大约可由每年 9%，加到每年 12%。不过，贫苦的大众，平日都没有吃饱，营养不足，又怎能达到这样高速度的发育呢？

青年期的发育，是跟性的本能有关联的。割去生殖器的男童，到了青春发育的时期，就不会发生如平常男子一般的变化。从前清宫里的太监，就是这一例。这些太监，又不像男，又不像女，口音总是尖脆，颔下从来不生胡须。

美国密苏里大学，有一位解剖学教授亚冷先生，曾把某种动物的生殖器割去，那动物的发育因此迟缓了，又将各种生殖器的组织制成溶液，注射入那动物的体内，于是那动物体内某部分的发育又激增了。

但是由这青春的发动而使发育激增这种现象并不能维持长久。大约过了 2 年之后，发育的速度，就很快地跌下去了。满了 22 周岁的当儿，体重和身长，都已发育完全，不再前进了。

不论怎样，到了 23 周岁，一切体格的生长，都宣告终止。当然在 20 岁与 30 岁之间，自体力方面看去，是我们一生最强盛的时代。运动健儿，能创造新纪录，夺得锦标的，都在这时期内。

过了 30 岁，一切的体力体劲，就江河日下了。

大概是 50 岁那一年吧，妇人的月经告别，她的生殖时代，就成为过去了。

在男子，生殖的机能，虽不似妇人那样的突然中断，然而一过了35 岁之后，也就一天不如一天了。

男子一过了 35 岁，就一天一天的肥大了。团团的面孔，双重的下巴，厚厚的颈项，都显得隆肿起来了。汗毛越粗，胡子蔓延的区域渐广。笨重的身体，挺着大肚皮，一步一步不慌不忙地走。有福气活到 35 岁以上的人，多少都有这种福相吧！

然而这些形相，却被科学家认为都是生殖机能渐弱的表示。割去生殖器的雄兽，也就渐渐异常的肥大起来了。割去生殖腺的雄鸟，毛羽也格外地粗大。生理学者起初也以为胡子汗毛的加多加粗，是男性发展完全的特征，后来由于阉割雄鸟的试验，以人比鸟，就悟到粗毛粗须，是性能力渐弱的标记，而在这时期内，男子生殖腺的作用，事实上的确是减弱了。

男子到了 60 岁，生殖的机能，就完全终止了。

由 25 岁起，女的到 50 岁，男的到 60 岁，是中年期，是一生的中心，是一生最有用的时代，这是第六期。

第七期，60 岁以上的人，就算老了，一轮红日慢慢西沉，终归于万籁俱寂了。至于怎样老法，下一次再谈吧。

热血和冷血

有热血动物，有冷血动物，这是我们一般人所知道的。这热与冷之分在哪里呢？我们现在要追问了。

我们先探一探动物身上的热气，是从哪里发生出来的。

这问题，19世纪以前的人，是知道不清楚的。他们以为热大半由摩擦而生，于是他们也以为动物身上的热，是由在心房和血管里流动的血液摩擦而生了。

在18世纪的末叶，美国革命独立成功的当儿，那时氧气刚刚发现了没有多久，法国的大化学家拉瓦锡就说，体热也是一种燃烧或氧化的作用，从此生理学者都注意呼吸与氧的关系了。

拉瓦锡以为生理上的氧化作用，完全是在肺部执行。血液一到了肺，血里面所含的"碳水化合物"就和吸进去的氧气火并起来，结果，除产生了水及"二氧化碳"，又发出了大量的热。

后来生理学者的试验又修改了这个学说，以为体热的发生，是全身血液的功劳，不仅仅限定于肺。

又经过了好久的论战，这才决定了体热也不是单单从血液里发生，而是全身各细胞组织的责任了。氧气是先运到了各细胞里面，才实行氧化，而发生热。

热的分配，是要全身一致的，这分配的责任，则在于血液，由它的流动，而能将太热的器官所过剩的热，送到太冷的部分去了。

红细胞

至于身体之所以能永久保持一定的温度，则另由体内一种管束的机能去担负这责任。

这就是我们现时所知道的关于体热发生的理论。

由此可见一身的热气也和一国的民气一样，不是局部的独自鼓舞，而须全体一致，才能振作起来。

然而在动物界里面，又有所谓冷血动物的一群了。这是为什么呢？是不是因为它们的身体都是冷冰冰的就没有一丝热气吗？

据说，动物之有冷血和热血之分，是依照它们的体温和环境空气的比较而定。

那么鸟兽及人之类的动物，号称热血，是不是因为他们的血都比空气热呢？爬虫、蛤蟆及鱼之类的动物，号称冷血，是不是因为它们的血比四周冷呢？

考究一下来讲，这些名词实在有点不妥的地方。

其实，热血动物的体温，不受环境的影响，所以不论是在夏天或在冬天，不论四周空气是比身体热或冷，它们的体温都是一样的，不为所迁移，所以热血动物毋宁叫作有恒体温的动物。

冷血动物的体温，就要随环境的情形，而发生变化了。在冬天，它们的体温，常常是低的，低至和四周的空气或水相近。在夏天，环境的温度升高，它们的体温也随着升上去。严格地讲，它们是在冷的环境之中，才变成冷血了。所以它们毋宁叫作无恒体温的动物。

热血动物所以能维持一定的高体温，是因为它们氧化的力量很充足，而且具有管束体温的机能。

冷血动物氧化的力量就没有那么充足，而且它们没有管束体温的机能，就是有，也不十分发达吧。

又有所谓冬眠动物者，它们体温的性质，又似乎居于热血和冷血

蛇眼蛱蝶

之间。它们也具有管束体温的机能，在平时都能保持一定的体温，但是在非常时，如遇到极冷的时候，它们就不能支持了。所以在冬眠期间，它们的体温只比四周空气高出一点儿。

有的冷血动物，在暖和的气候，体热的发生，要比体热的消失快一点，所以它们体温也比环境高出一点儿。

蜜蜂在工作的时候，常常能使蜂窝的温度比平常加高了几度。蛇和许多其他的爬虫类的体温，有时比它们的环境高出 2℃ 至 8℃。又有的爬虫类粗具一点儿管束体温的机能，可以防止体温升得太高了，例如它们一到了太热的时候，就会喘气，喘气就是把肺的水量蒸发了，于是热也就消失了不少。

统观起来，动物所以分为热血与冷血，并不是绝对的彼此不相同。但它们的不相同，也是相当明显的，而显出这两类在生理学上互不相容的特性。

人固然是热血动物之一。但，人之中也可以各依其性格，而分为热血与冷血两类。爱国志士和抗敌的义勇军，矢诚报国，始终如一，不为环境的恶劣空气所屈服，不为利欲声色所引诱，这等人不都是浩气长存、热血满腔吗？至于汉奸卖国不抵抗者之流，虽不是冷血的人，却同样的可鄙了。

然而，介于热血与冷血之间者，又真不知有多少人啦！

1936 年 2 月 3 日

难为情

中秋那一晚，因为贪看月姐儿的姿色，不幸受了寒气的强吻，得了咳嗽，初起不过两三声，越接越厉，竟一连 15 日而不止，恨极了。曾经想出种种战术，用过样样手段，要和咳嗽决裂、绝交、宣战、开仗，把它打散了，出一口气，怎奈它三步一顾，五步一回，故作依依恋恋不舍之态，老不肯走。急得没法，索性痛快地骂它一番，看它不要羞死。

骂人最好莫过于放屁。放屁二字轻便，可以随口而出，可以多骂几句。但我不骂咳嗽等于放屁，还笑它不如放屁的稳健，屁已贱，咳更贱。有人怪我不分尊卑，颠倒贵贱，这些人不谙科学，只知引经据典、断章摘句，空中造起楼阁。我若有一点儿闲工夫，固然也喜欢翻阅旧书珍本，看看古人知道的已经有多少。但我所说的不容不以科学事实来做见证，关于咳嗽与放屁的脏物劣迹，都曾亲手检查，一一分析，相形之下，真相大明，而后知骂人不要放屁，不如骂人不要咳嗽之为尖锐深刻。

咳嗽与放屁，一发于喉，一泄自肠，同是气的冲动，不得不咳，不得不放。

一切的舶来品或土货，如细菌、灰尘、饭粒、鱼骨、菜汁、茶水乃至于自己的口沫，偶尔落到咽喉中间，触动了气管的神经，于是一声爆竹，四座皆惊，这是咳嗽的常态，不足为奇。

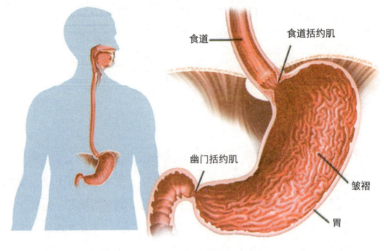

食道

食道括约肌

幽门括约肌

皱褶

胃

肠 胃

吃饭的时候，不但吞下了肉丝、菜叶、烂饭和口津的杂烩，而且连带吞下了空气。空气中独有氮气到了肚肠里，不肯为人体所吸收，受人肉的同化，于是积少成多，又和食物经过细菌的分解之后所产生的各种气体，如氢碳酸气、沼气、硫化氢之类，混合在一起，等到饭一变而为屎，大肠堵塞不通，这些气体，无处藏身，迫不及待，一有隙缝，突然冲出，于是猛然一声，四座失色。这是屁之常态，声大臭小，即所谓有声无臭之屁。

然而，有时食物不慎，病菌作怪，吃得过火，危及主人，屎再变而为稀黄水，充满恶气，尽是病菌分解出来的毒物，所放出的屁，徐徐而出，至再至三，臭味冲天，四座掩鼻，智者让位。这是屁的变态，臭多声少，所谓无声有臭之屁。

屁之为屁，半是食物的本味，半是细菌的本味，实与人肉的本味无干。若有人，好吃韭菜葱蒜，自难免其屁有特种难闻之味，人闻之而远避，屎之为患，尽在于此。据美国细菌学家试验的报告，屎实不足以传染疾病。人虽久立粪田之上，日闻屎气，不去动手动脚，未尝得病，此所以挑粪夫身体壮硕，面无难色，久而久之，而仍能怡然自得。虽然我们也不可就把他初次挑粪的苦况抹杀了。

咳嗽的危险，有非常人所能想象。寒风一起，天气骤变，衣服未穿，身体遇冷，病菌从口腔鼻孔，两路进攻，以迅雷不及掩耳的战略，占据了咽喉扁桃腺，顺气管而进入支气管，长驱直入。肺尖肺叶，相继沦陷，火势蔓延，细胞成为焦土。血球动员，心房告急，喷嚏一声，脑府发出戒严令，全身神经立刻紧张起来。喉间痒痒难受，接连发出十数响乃至数十响，如连珠大炮。面红耳赤，心如火烧，晚间如是，早起复如是，日日如是，月月如是，年复一年，乃至一生，其苦已甚。这是咳嗽的变态。这种咳嗽，不但害己，而且害人，对于病

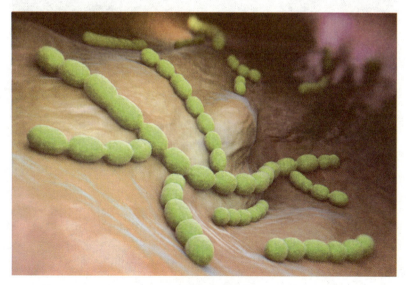

肺炎链球菌

菌，实有大利。病菌中如"链球菌"，如"肺炎球菌"，如"流行性感冒杆菌"，如"结核杆菌"，皆借咳嗽之力，以散布种子，传染疾病。

咳嗽的时候，就是没有痰涌出来，也有痰珠、痰花，里面伏着无数病菌，肉眼看不见，何况有痰之时。德国有两位细菌学家，曾用显微镜，量过痰珠、痰花的大小。据他们核算的结果，一粒痰珠的直径只有 5% ～ 25% 毫米。这样轻的痰珠，可以在空气中浮游至一两分钟之久。在这个当儿，和咳嗽先生接近的人，便有吸入痰珠的危险了。

痰是咳嗽的脏物。痰的内容，有黏液，有空气细胞，有内皮屑，有恶毒的病菌，有时还有血丝。痰是绝对无用而有危险性的废物。

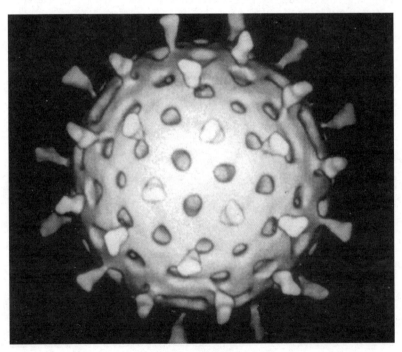

轮状病毒

屎是屁的脏物，屎的内容，有动物的韧带及植物的纤维素，有鱼皮、肉渣、淀粉、脂肪，有肠的分泌物，有粪臭素，有胆脂素，有色素及尿胆素，有钠、钾、钙、镁、铁等无机盐，有各种各样的微生物，以大肠杆菌居最多数。这是屎的一览。看了之后，不禁生了一种感想，合流则同污，分立则孤净，屎之为屎，虽秽不可当，若将其内容，一一分洗，尚不得称为无用，何况，就是合在一起，也还是种田的好肥料呀！

痰之地位虽尊，屎之出身虽卑，然论其功用，品其内容，以痰比屎，痰不如屎。

然而中国人的旧习惯，厌屎不厌痰。痰则随口随地乱吐，屎则略具戒心，不敢随处乱撒，撒亦必收拾一下，铺上一层黄灰，扫进畚箕里面，倒入垃圾桶。

屎固应收拾干净，痰为什么任它"尸位素餐"，傲慢地久留于地板之上呢？

这都是封建时代遗留下来的一种糊涂的意识，以为在上者不致有大错，可以宽容，在下者总是卑鄙，必须严厉处置。乃至同是人身的皮肤，也有贵贱之分。脐以上为贵，脐以下为贱。面部不肯和屁股同用一条浴巾。于是痰为贵，屎为贱，咳嗽为尊，放屁为卑。其实不都是细菌爱吃的东西吗？

由于尊咳的社会，造成咳嗽者自雄的心理，以为咳嗽无须顾忌，在大庭广众之中，尽可坦然为之，不自节制，不以巾覆口。而且在上者又不时假咳嗽之威以恐其下，皇帝大怒，一声咳嗽，百官莫敢仰面。今则主席、部长一声咳嗽，部员唯命是从。军长未进营门，先咳一声，师长惊而出接，师长咳一声，旅长惊而出接，以此递降，至于士兵，士兵一咳，无人睬了。而希特勒一声咳嗽，国社党员以为这是力的表示；墨索里尼一声咳嗽，他的部下以为这是法西斯的口号。这些装腔作势的咳嗽，行到哪一天才可以终止呢？

由于贱屁的社会，造成放屁者畏怯的心理。如系有声之屁，无处藏匿，只得脸上现出玫瑰色，口中喃喃承认。若屁出而无声，则一座之中，互相推诿，故作疑问，谁放的屁？当事人自己心里明白，却不敢举手自招，恐难为情也。其实所放的屁，不过一刹那间的气味，顷刻即为空气所收容遣散，断不致遗臭万年。若座中夹有一两个摩登女人，且为巴黎香气所中和，必不至于轻易败露。孔子圣人也，当他入太庙，上朝廷之时，必先沐浴斋戒，亦所以预防肚子里临时作怪，而放出那不合礼、不君子的，一般道学先生所讳言的气味哩。然而当他燕居或与弟子讲学之时，那时刚吃完了饭，因为有人送他鲤鱼或猪肉，吃得比平日多一点，就难免不放出一两声他所不愿意放的气，也是人之常情。孔子为万世师表，而且有时也放几声，何况后人，后人又何敢太看不起放屁了。

孔子一生有无咳嗽，也没有记载可寻。孔子很卫生，断不至当人面前咳嗽，就是偶尔吐痰，亦必承以痰盂。到他弟子书房去巡视时，也是轻声静步地走，不作一声假咳。不然宰予昼寝，一听见他的咳声，早已一溜烟地爬起来，又怎么会被他老夫子发现仍躺在床上呢？

总之，咳嗽、放屁，都不过是生理作用，圣人亦所难免，本不足骂。所可骂者，就是不知躲避，不顾他人，当人面前，公开发泄。屁犹弱小，虽可厌而无妨，咳发诸口，位高势大，传染病菌，其为害也甚烈。所以我说：骂人不要放屁，不如骂人不要咳嗽，较为深切呀。

1935 年 10 月 1 日

人身三流

中国的民众不知流了多少泪。

我由泪想起汗，由汗想起尿。

这是贫民窟里的"三宝"，却不为一般人所重视，因此我愿意替它们宣传宣传。

泪在灾民难民眼眶里狂涌，汗在车夫工人的额角背上怒奔，尿在黑暗的角落打滚。

这是三种有生命的水啊，被压迫而向体外逃亡，所以我称它们作"人身三流"。

人身所流出的水，固不只这三种，而这三种却是最肯抛头露面，而且爽直，不稍存退缩之心。

中国人的传统观念，总以为地位尊崇者，他的一切就高人一等。因此，在这人身的三流里面，泪的位置最高，也可以自称为上流了。汗的位置，上上下下，几遍于全身，只可称为中流。尿呢，那就是被人所贱视的下流了。

尿之不如汗，汗之不如泪，似乎是当然的道理。

所以古今诗人雅士，吟诗作赋，免不了说一两句伤心话，不是断肠，就是落泪，几乎非泪不足以表其多情。泪总是多情的产物罢。于是泪就可比茶一般的清高了。

一到了汗，他们就有些讨厌这个了。然而诗人到了夏天就有苦热

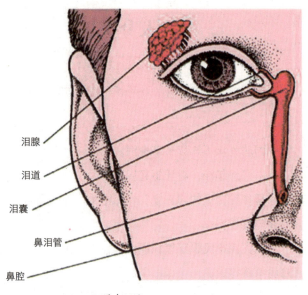

泪腺

泪道

泪囊

鼻泪管

鼻腔

泪器概况

诗了，在苦热诗里，又似乎非汗不足以写其苦。

至于尿，这卑鄙下贱的东西，用它骂人出气还可以，绝不可以入诗文，就是俗人的谈话，也都极力避免用尿字。

其实，这是不公平、不正确的。

我们都被传统的观念所束缚，所蒙蔽了。

尿、汗、泪三者都是人身的外分泌，干净时，一样的干净，龌龊时，一样的龌龊。

察其来源，它们都是从血液里面逃出来的流民。

观其内容，尿最丰富，汗次之，泪最淡泊。然而都是一样的带点儿酸性的盐水，都含有一些"尿素"之类的有机化合物，还有别的，这里暂不提。

论其功用，尿最伟大，汗副之，泪就在可有可无之间了。

泪的故乡是在眼角和鼻骨之间的泪器。泪时时都伏于那泪器的门口观望，有时出来巡逻，洗洗眼珠，清清眼皮，偶尔堕入鼻子的深渊，无底洞，就成为一种鼻涕了。

泪在心理上颇占地位，人都认为它和悲哀的情感有关系，这是因为泪器的细胞，和大脑派出的神经有直接联络罢。然而有时笑也会出眼泪；眼睛受了辣椒、烟雾的刺激，也会出泪；又有所谓流泪弹（催泪弹）之类的毒品，专使我们流出大量的泪。这可见泪实是眼睛的警备队、保护者了。

人本是流泪的生物。自初生到老死这一个过程中，流泪的机会真多着哩。但，中国人的眼泪是用得太滥了，各自为一身一家的疾痛，而流出一点一滴的泪，那泪是弱小而无聊的。

现在我们东方第一古国的悲剧，已一幕一幕地揭开了。我们要学春秋战国时代，荆轲和高渐离二侠士那样慷慨悲壮地流泪。我们希望拿四万万大众的热泪，来掀波翻浪洗净国耻。

然而泪终究是弱者的武器，单靠它来救亡图存，那力量是太薄弱了。

泪之后，还须继之以汗。

汗的原籍是皮肤里面的汗腺。全身的皮肤，除了外耳道、包皮、龟头之外，都有汗腺，而以手掌足底的汗腺为最多。人身皮肤汗腺的总计，大约在 200 万以上罢。

汗腺出汗的多少是没有一定的。这要看四周空气的情形，寒暖如何，干湿如何。多跑多动，也会出汗。有时人们受了突然的惊吓，也会吓出一身冷汗来，汗也被情感所支配了。据说，在平时，就是穿长衫的人们，平均每 24 小时，也要出汗 2～3 升。这是皮肤受了衣服的包围，那里面的热气，常在 32℃ 左右，所以无形之中，时时都在出汗了。

不过，这汗不是水而是汽。大约要过了 33℃ 的"界点"，汗气才一变而为汗水。

汗水和汗气的分界，也可以说就是劳力和劳心的分界罢。

汗水里面的宝贝，除了盐和水之外，还有尿素、尿酸、肌酸、石炭酸、蛋白素之类的杂烩。而以尿素的成分为最主要。

刚洗完蒸汽浴，或经过一番强烈的运动之后，满头满身，淋淋漓漓，都是热汗，而那些汗珠里面，尿素的成分，就顿时增加了许多。

有的人听了这话，就有些不愿意，而且不大相信，以为尿素这下流东西，也配在我头上身上作威作福哇。

然而这是生理上的事实。

原来尿和汗还是亲家，尿之尿素减少，则汗之尿素加多；汗之尿素少，则尿素都跑回尿那边去了。而其来去的主权，则由大脑派有特别神经，暗中操纵。

尿的历史就复杂得多了。现代疾病的诊断，又往往非作尿的检查不可，都是想从尿水里，追寻出疾病的脏物。尿的出身，虽甚下贱，它的先前行状，又极神秘，而它却是牺牲了自己而出奔——有的说是被压迫而逃亡——调和了血液，保全了全体，大有功于人身。将来如有空闲，也拟替它作一篇正传。这里所要谈的，不过举其大概罢了。

它的大本营是肾，膀胱是它的行营。

肾是一副多管的腺，俗称腰子，又号腰花，常常被人误认为男子生殖器的睾丸。其实睾丸自是藏精之宫，而肾却是尿的制造所了。

在这每个制造所里面，约有 200 万颗小球——肾小球——无数微血管密密地分布于此。

人的肾脏

这么多的肾小球，又都被小球囊所包围。小球囊和肾小球之间，只隔了两层薄薄的膜；一层是微血管的外皮，一层便是肾小球的外皮。

那小球囊的空间，就是尿管的起点。

尿管起初是弯来弯去，千回百转，所以叫作盘曲的小管，后来才变成直直的一条，出了肾，直通尿道，而达于膀胱了。

肾，这制尿局，其结构是如此细微而繁复，于是生理学者，研究了再研究，在显微镜下，眼都看红了，还是纷纷论战，各执一说，还不能解决尿是怎样制造的这个问题。

有一派说，血一到了肾小球的微血管，因受大血管里的高血压所迫，只得透过了那两层薄膜，到了小球囊的空间，而变成尿。可是那尿是太稀了，于是当流过了盘曲的小管的时候，在途中，就有一部分，又被两旁的外皮细胞所吸收了，其余的渐渐成了浓尿的本色。

又有一派也承认，尿是血所滤过的东西。不过，他们以为，在小球囊的尿，还不是完整的尿，而只是些无机盐和水，所以稀。后来，在盘曲小管的途中，又有一批尿素、阿莫尼亚之类的有机物，从两旁的外皮分泌出来，加入尿的洪流中，于是就浓了。

这两说，各有其道理，其试验根据，等他们决定了，再叙罢。现在我们只认尿是血的后身就够了。

血是最受人敬重的，我们又怎么太看不起尿呢？

尿是有时而酸性，有时而淡。这是间接受了食物的影响。吃肉的人，尿是酸性，吃素的人，尿近于淡。尿若变成了碱性，那是细菌这小贼儿的恶作剧。

尿的内容，除了守本分的无机盐和水之外，杂色的分子极多。主要的当然是尿素。其余还有尿酸、肌酸、马尿酸、草酸、硫酸盐、氧化酸、氮化酸、氮气、碳酸气、尿色素、尿胆素，各有各的来历与背景，还有有时列席有时缺席者不计外，真是济济一堂。这些名目都是抄自一位化学家的记录。

然而有人读了，就要生疑了。那姓马的尿酸怎么也会杂在里面，人尿里难道也会有马尿么？

本来科学名词都有些奇特，我们若认真起来，就很吃力。马尿酸，本是吃草的动物如马之类的尿中所常有。人及吃肉的动物，难得有。但人若常吃素，尿里就来了大量的马尿酸了。

反之，尿酸乃是吃肉的记号。所以尼姑、和尚之流，若开了荤偷着买肉吃，尿里面马尿酸的成分变成了尿酸，这是瞒不过实验室里的化验员啊。

尿的质既是这样琳琅富丽，尿的量也很可观。成年男子在 24 小

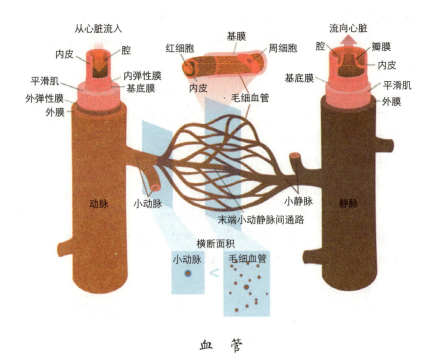

血　管

时之内所分泌出尿的总量，通常都有 1500～1700 立方厘米之多。当
然水喝得愈多，尿也就愈多，喝了茶、咖啡之类的饮料，尿也较多。
这是常人所知道的。尿实是血过剩的去路啊。

　　然而，有人就要问了，尿何以恶臭难闻，它不是屎之流么？这又
是传统的误会了。

　　尿与屎并论，是尿百世之冤恨。屎是食物的渣滓，和以胆汁，又
有粪臭素、硫化氢之类的臭物，细菌成兆成亿地在那里寄生。虽居人
身的腹地，并未曾受人肉的同化。

　　尿是血的分泌。血清尿也清，血浊尿也浊。血糖有过剩，而尿就

成为糖尿了。

尿的本味，就是阿莫尼亚的本味，是一种单纯的药味，昏迷的人闻了，还可以大醒。

尿所以恶臭，是离了人身之后而变成的。这不是尿之本身的罪状，而是细菌的罪状。让细菌吃饱了的东西，就是汗，就是泪，就是血，就是肉，有哪一件不臭呢？

独于尿，而最看不起，这是下流者的不幸。

中国贫民窟里下层的民众，也被人看不起了几千年了。

泪也竭了，尿也尽了，只有汗还多可以流。

多喝些革命的水罢！多喝些抗敌的酒罢！澄清民族的污浊！流出四万万人的血，使全太平洋的水变色！

1936 年 2 月 20 日　南京

色——谈色盲

有些泥古守旧的人，对于色，只认得红，其余的都模糊不清了，以为红是大喜大吉，红会升官发财，红能讨老婆生儿子，其余的色，哪一个配！

有些糊涂肉麻的人，如《红楼梦》里的贾宝玉之流，有特种爱红之癖，其余的色都被抹杀了，其余的色哪里赶得上？

然而，在今日的世界，红似乎又带有危险性了。有些人见了它就猜忌了。不是前不多时，报纸上曾载过，德国有一位青年，因用了红领带，而被处了6个星期的徒刑吗？

但是，我这里所要谈的，并不是这些喜红、爱红和疑红的人，而是另一种人，认不得红的人。

这一种人，对于红，一向是陌生的。

这一种人，见了红以为是绿，见了绿又以为是红。

这一种人，就叫作色盲。

色盲不是假装糊涂，而实是生理上的一种缺憾。

这些话，在色盲者听了，或者能了然；不是色盲的人听了，反而有些不信任了，说是我造谣。

因此我须从色字谈起。

色，这迷离恍惚、变幻莫测的东西，从来就有三种人最关心它。

物理学者关心它的来路，它的结构。

生理学者关心它的现实，它和人眼的反应。

心理学者关心它的去处，它对于心理上的影响。

虽然，还有化学者在研究色料的制造，诗人美术家在欣赏、调和色的美感，市政交通当局在用色以表明危险与安全，如此等等的人，对于色，都想利用，都想揩油，于是色就走入歧路了。这些，这些，我们不去细谈。

物理学者就说：

色是从光的反映而成。光是从发光体送出来的一种波浪。这一波一浪也有长短。太长的我们看不见，太短的也看不见。

看不见的光，当然是没有色，然而它们仍在空气中横冲直撞，我们仍有间接的法子，去发现它们的存在。如紫外光，如 X 光，如死光之类。

看得见的光，就可以分析而成为种种色了。

大概，发光体所送出的光，多不是单纯的光，内容很复杂，因而所反映出的色，也就不只一种了。

满天闪闪烁烁的群星，都是极庞大的发光体，和我们最亲热的就是太阳。

地球上一切的光，不，整个太阳系的光，都是来自太阳。

电光、灯光、烛光，乃至于小如萤火虫的光，乃至于更小如某种放光细菌的微光，也都是受了太阳之赐。

太阳的光线，穿过了三棱镜，一受了曲折，就会现出一条美丽的色系，由大红，而金黄，而黄，而蓝，而绿，而靛青，而紫。红以上，紫以外，就因光波太长太短的缘故，不得而见了。而且，这色系之间的演变，又是渐变而不是突变，所以色与色之间的界线，就没有理想的那样干脆了。

色之所以有多种，虽是由于光波的长短不齐，然而其实也靠着人眼怎样的受用，怎样去辨识。没有人眼，色即是空，有人眼在，空即是色。这太阳的色系，是一切色的源泉，普通的人眼，都还认不清，何况所谓色盲的人。

生理学者花了好些工夫去研究人眼，又花了好些工夫研究人眼所能见的色。他们说：

人眼的构造，和照相机相似，最里层有一片薄膜，叫作"视网膜"，那视网膜就好比是底片。一色至一切色的知觉都在这底片上决定，又伏有视神经的支脉，可以直接通知大脑。

色的知觉，可分为两党：一党是无色，一党是有色。

无色之党，就是黑与白及中间的灰色。

有色之党，就是太阳色系中的各色，再加上各种混合的色，如橄榄色、褐色之类。

有色之党，又可分为两派：一派是正色，一派是杂色。

正色，就是基本的色、纯粹的色。有的说只有三种；有的说可有四种。说三种的，以为是红、黄、蓝；又有以为是红、蓝、紫。说四种的，以为是红、绿、蓝、紫；也有以为是红、黄、绿、蓝。

总之，不论怎样，有了这些正色之后，其余的色，都可以配合混制而成了。因此，其余的色，都叫作杂色。据说，世间的杂色，可有1000种之多哩。

太阳、火焰、血的狂流，都是热烈的殷红。晴天的天，海洋的水，都是伟大的深蓝。大地上，不是一片青青的草、绿绿的叶，就是一片黄黄的沙、紫紫的石。这些不都是正色吗？

傍晚和黎明的霓霞、花儿的瓣、鸟儿的羽、蝴蝶的翅、金鱼的鳞，乃至于化学药品展览室里一瓶一瓶新发明的染料，这些不都是杂色吗？

有了这些动人而又迷人，醒人而又醉人，交相辉煌而又争妍夺艳的种种的色，使我们的眉目都生动起来，活泼起来，然而外界的引诱力是因之而强化，于是我们有时又糊涂起来，迷惑起来了。我们的心房终于是突突不得安宁了。为的都是色。

这些话都是根据人眼的经验而谈。

然而，色，迷人的色，把它扫清罢！假使这世界是无色的世界，从白天到黑夜，从黑夜到白天，尽是黑与白与灰，这世界未免太冷落寂寞了、太清寒单调了、太无情无义了。

然而，世间就有这么一类的人，对于色，是不认识了。大家看得见的色，他偏看不见，或看得很模糊，或大家看是红，他偏看出绿来，大家看是蓝，他偏看是白，大家看是黄，他偏看是暗灰色。

这一类人，有的是全色盲，对于一切色，都看不见；有的是一色盲，对于某色看不见；有的是半色盲，对于色，都看得模模糊糊罢了。

最可怜的，就是那全色盲，他的世界完全是黑与白与灰，是无彩色的有声电影的世界。

这些事实，人们是不大容易发觉的。在这奔波逐浪、汹涌澎湃的人海潮里，不知从哪一个时代、哪一位古人起，才有色盲，我们是没有法子去考据的，也许有好些读者从来没有听见过色盲这个名词，也许你们当中就有色盲的人，而连自己都还没有发觉。

科学界注意这件事，是从 18 世纪末年英国的化学家道尔顿起。这位科学先生，本身就是色盲。他就是认不得红色的色盲之一员。

认不得红色是有危险的呀！后来的生理学者、心理学者，都渐渐注意了。他们说：

水路、陆路的交通，都是以红色作危险的记号。轮船、火车上的司机，若是红色盲，岂不危险么？十字大街上的红绿灯，是指挥不动这些色盲的路人了呀。于是这个问题就为市政和交通当局所重视了。

　　色盲的人，虽不是普遍的现象，然而也到处都有，尤以男子为多。据说，男子每百人中，色盲者有三四人；妇女每千人中，色盲者有 1 人乃至 10 人。

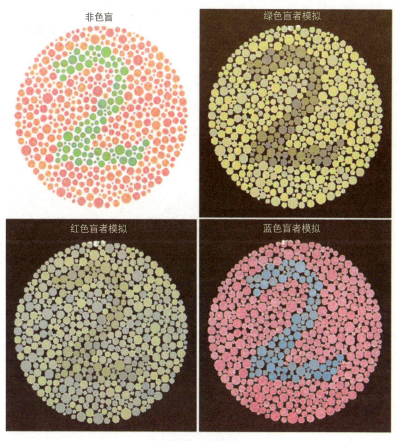

色盲测试图像

不过，完全色盲的人很少很少。最常有的还是红色盲。其次的，还有绿盲、紫盲、蓝盲、黄盲，如此之类的色盲。

这些色盲，都是对于某一种正色的朦胧，不认识。对于杂色，更是糊涂弄不清了。

然而，红盲的人，听了人家说红，就去揣度，有时他也自有他的间接法子，他的自定标准，去认识红，去解释红，所以人家说红，他也不去否认。这样地，我们要侦察他的实情，是真红盲，还是假红盲，就得用红的种种混合色，杂色，请他来比较一下，他的内幕于是乎揭穿了。

医生检查色盲的种种手段，就是按照这个道理。

现在我们的敌人，有点假惺惺，口里声声亲善，背后枪炮刀剑，枪炮刀剑似乎是红，亲善又似乎不是红。中国的民众不要变成红盲吧！

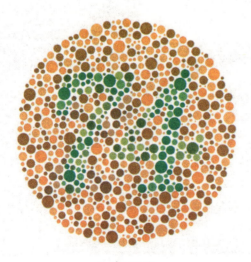

色盲测试

声——爆竹声中话耳鼓

在首都，旧历新年的爆竹声，已不如从前那样通宵达旦，迅雷疾雨般地齐鸣了。

不知被什么风吹走，今年的爆竹声，虽仍是东止西起，南停北响，但须停了好一会，才接着响下去，无精打采地，既像疏疏的几点雨声，又像檐下的滴漏，等了许久，才滴一滴。

在这国难非常严重的年头，凡有带点强为庆贺、强为欢笑之意的声调，本来就不顺耳，索性大放鞭炮，热闹一番，倒也可以稍稍振起民气，现在只有这不痛不痒的疏疏几声，意在敷衍点缀新年而了事，听了更加不耐烦了。

不耐烦，有什么法子想呢？

色、声、香、味、触，这五种特觉，只有声是防不胜防，一时逃避不出它的势力范围。声音一发，听不听不能由你。这责任一半在于声音的性质，一半在于耳朵的构造。

声音是什么呢？

声音是一种波浪，因此又叫作音波。这音波在空气中游行，空气的分子受了振荡，一直向前冲，中间经了无数分散而凝集，凝集而又分散的曲折。

音波是由发音体发出来的，起先一定是发音体先受了振荡，所以两个坚实的物体，互相抨击，就可以成音。这音波是一波未平，一波

蝙蝠用声波在黑暗中分辨方向

又起的，而每一波的长度都不相等，有时相差很远。

大凡合于音乐的音波，我们常人的耳朵所听得到的，它的波长，最长的不过 12～21 米，最短的波长只在 25 毫米之内。

这些音波在空气中飞行极快，平均的速率，每秒钟能行 33～36 米，但也要看所穿过的空气的寒暖程度如何。

不论怎样这些合于音乐的音波，是有规则的、有韵节的。

不合于音乐的音波，就乱七八糟一点没有规律，没有韵节了，所以听了就讨厌。

在从前，新年的爆竹声，家家户户合奏像一阵一阵的交响曲，非常使人高兴。今年的爆竹声，受了当局不彻底的禁止，受了民间不景气潮流的影响，好久、好久忽儿发出三四声，短而促，真是不痛快而讨厌。

这是声音的不协调，而叫我感到不耐烦。

耳朵的结构是怎样呢？

在我们的头颅上，两旁两扇翅膀似的耳翼，是收集音波的机器。在有的动物身上，它们还会听着大脑的指挥而活动的，然而它们的价值只是加强了声音的浓度和辨别音波的来向罢了。

不谙生理学的中国人，尤其是星相家之流的人，太看重了这两扇耳翼，以为耳的宝贵尽在这里，而且还拿它们的大小作为富贵和寿命的标准。如老子耳长 7 寸，便以为寿，刘先主目能自顾其耳，便以为贵之类的传说。

其实，若不伤及耳鼓，就是割去两扇耳翼，也还听得见，不过声音变得特别一点罢了。这两扇露在外面的耳翼，有什么了不得呢？

围着耳翼里面那一条黑暗的小弄，叫作耳道。耳道的终点，是一个圆膜的壁，叫作耳鼓。这耳鼓才是直接接收音波、传达音波的器官。这一片薄薄的耳鼓膜厚不及 1/10 毫米，却也分作三层：外层是一层皮肤似的东西，内层是一层黏膜，中间是一层"接连组织"。它的形状有点像一个浅浅的漏斗，而那凸起的尖端，却不在正中央，略略的偏于下面。这样带一点倾斜的不相称的形状，能敏锐地感到音波的威胁而振动。音波的威胁一去，那耳鼓的振动就停止了，所以耳鼓若是完好的，那外来的声音听得很干脆而清晰了。

紧靠在耳鼓膜的里面有三颗耳骨：一是锥骨，一是砧骨，一是镫骨，各因其形而得名。这三颗耳骨的那一面是靠着另一层薄膜，叫作耳窗，又名前庭窗。

这些耳骨是我们人身上最轻而最小的骨。它们的构造是极尽天工的巧妙，只须小小一点音波打着耳鼓，就可以使它们全部振动，那音波便被送进内耳里面去了。

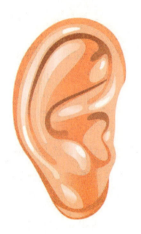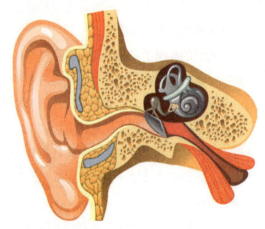

人耳解剖截图

内耳里面是伏有听神经的支脉，叫作耳蜗神经。那耳蜗神经的细胞非常灵便，不论多么低微的声音，它们都能接收而传达于大脑。

现在像爆竹这般大而响的声音，我们哪里能逃避不听呢！就是掩着两扇耳翼，空气的分子，既受了振荡，总能传进耳鼓里面去呀。

不过，这也有一个限制，空气是无刻不受着振荡，有的振荡的速率是太快或太慢，达到了我们的耳鼓上面，就不成其为声音了。

我们一般人所能听到的声音，极低微的振动频率，大约是在每秒钟 24 次至 30 次之间。有的人，就是低至每秒钟 16 次的振动频率的音波，也能听见。最高的振动频率，要在每秒钟 4 万次以内，才听得见。

在这里又要看各个人耳朵的感觉如何敏锐了。聋子是不用说了。有的人虽然没有到聋子的地步，然而对于好些尖锐的声音，如虫鸟的叫鸣，就听不见。

爆竹的声音，它的振动频率不太高也不太低，只要距离得不太远，是谁都能听见的哩！

现在我们国家管事的人对于敌人的侵略，好像虫声鸟声一般唧唧地在那里秘密讨论。它的振动频率太低了，使我们民众很难听得见。而汉奸及卖国者之流，又似乎放了疏疏几声的爆竹，以欢迎敌兵，闹得全世界都听见了，真是出丑，更令我们听了不耐烦。然而又有什么法子想呢？

1936 年 1 月 27 日

香——谈气味

气味在人间，除了香与臭两小类之外，似乎还有第三种香臭相混的杂味罢。

植物香多臭少，动物臭多香少，矿物除了硫、硒、碲三者之外，又似乎没有什么气味了。

这些话是就鼻子的经验所得而谈。

香是鼻子所欢迎，臭是鼻子所拒绝，香臭不甚明了的第三种味，也就马马虎虎让它飘飘然飞过去了。

鼻子是两头通的，所以不但外界冲进来的气味瞒不过它，就是口里吞进去的，或胃里呕出来的东西，它也知道。捏着鼻子吃苦药，药就不大苦了。

然而鼻子是有时而塞住了，如得了伤风及鼻炎之类的疾病，那时就是尝了美酒香果，也是没有平日那么可口了。

气味到底是什么东西组成的，而有这样的轻贵呢？是不是也和光波、音波一样，也在空气中颤动呢？从前果然有人以为气味的游行，也是波浪似的，一波未平，一波又起。而今这种观念却被打破了。

现代的生理学者都以为，气味是从各种物体发出来的细粉。这细粉大约是属于气体罢。既发出之后，就渐散渐远、渐远渐稀，终于稀散到乌有之乡去了。

但若在半途遇到了鼻子，就飘进了鼻房里面，在顶壁下，和嗅神经细胞接触，不论是香是臭，或香臭相混，大脑顷刻就知道了。

据说，同属一类的有机化合物，结构愈复杂，气味也愈浓。这样看来，气味这东西，似乎又是化学结构上"原子量"的一种作用了。

因此，要把世间的气味，一一分门别类起来，那问题便不如起初料想的那样简单了。

于是我想鼻子真是一副极灵巧的器官啊，无论什么气味，多么细微，多么复杂，它都能分辨出来。

鼻子在所有特觉当中，资格算是最老了。

然而文明愈进步，鼻子就愈不灵，生物的进化程度愈高，鼻子的感觉也愈坏。

野蛮民族，如美洲红人、原始人之类，他们的鼻子，都比现代人灵得多。它们常以鼻子侦察敌人，审查毒物，而脱离了危险。

收获胡椒

狗的鼻子是著名的敏锐了。无论地上留有多么细微的气味，它都能追寻到原主。然而它也只认得熟人的气味，才是好气味。如果是生人，就是你满身都是香，也要对你狂吠几声，因为你不是它的圈子以内的人。

昆虫的嗅觉，似乎也很灵，不然房子里一放了食物，蟑螂、蚂蚁之类的虫儿，怎么就知道出来游历考察呢？

气味的感觉，也是当局者迷，外来者清。鼻子是有时而倦了，它也只有几分钟的热心。所以古人说："入鲍鱼之肆，久而不闻其臭；入芝兰之室，久而不闻其香。"在生理学上看来，这句老话倒也不错。很多人总不觉着自己屋子里有臭味，一到外头去跑跑，回来就知道了。

气味有时也会倚强欺弱，一味为一味所压迫，所遮蔽，所中和。所以两味混在一起，有时我们只闻见这味，而闻不到那味，如尸体的味一经石炭酸的洗浸之后，就只有石炭酸的气味了。

因此，人们常用以香攻臭的战术来消灭一切不愿闻的气味。这种巧妙的战术，是大大地被有钱的妇女所利用了。这也是香粉、香水之类化妆品的入超之一原因吧！

肉的气味，大家都是一样，本来没有什么难闻。然而不幸有的人常常发生特种的气味，则不得不借香粉、香水之力以遮蔽了。然而又有的人竟大施其香粉政策以取媚于其腻友，或在社交上博得好声誉。

然而香粉、香水之类的东西是和蜂采蜜一般，从花瓣花蕊里面采出来，榨出来的，究竟不是肉的本味，而是偷来的气味，似乎有些假。

因此我还有一首打油诗送给偷香的贵人们：

窃了花香做肉香，

花香一散肉香亡，

剩下油皮和汗汁，

还君一个臭皮囊。

　　据说气味这东西与心理还有些联络。所以讨厌这个人也讨厌这个人的味，喜欢另一个人也喜欢那个人的味，这是常有的事，而且还有闻着气味而动了食指或色情的君子呢。

　　气味这东西真是不可思议了。

　　在这个年头，气味有时使我们气闷，使我们掩了鼻子不是，不掩鼻子又不是。掩了鼻子又有不亲善的嫌疑，不掩鼻子又有人说你的鼻子麻木了、不中用了。

　　社会上有许多事是臭而又臭，绝没有一些香气，又不是第三种的杂味可以让它飘过去，真是左右难以做人啊。

　　　　　　　　　　　　　　　　　1936 年 2 月 16 日

味——说吃苦

国内有汉奸，国外有强敌，爱国受压迫，救国遭禁止，在这个年头，我们国民有说不出的苦，有说不尽的苦，这苦真要吃不消了。

在这个苦闷的年头，由不得不想起春秋战国时代那一位报仇雪耻、收复失地的国君——越王勾践。

当时越国被吴国侵略，几至于灭亡，勾践气得要命。他弃了温软的玉床锦被不睡，而去躺在那冷冰冰的、硬生生的，二三十根树枝和柴头搭成的柴床上，皱着眉头，咬着牙关，在那里千思万想，怎样救亡，怎样雪耻。

想到不能开交的时候，又伸手取下壁上所挂的那一双黑黄色的胆，放在口里尝一尝。不知道是猪胆还是牛胆，大约总有一点儿很难尝的苦味罢。

这种卧薪尝胆，不忘国难国耻的精神，真是千古不能磨灭。现在我们民族，已到了生死存亡的关头，正是我们举国上下一致共同吃苦的时期，这个越王勾践发奋有为救亡图存的史实，不应看作老生常谈，过于平凡，实当奉为民族复兴的警钟，有再提重提的必要。

卧薪尝胆，是要尝目前的苦味，纪念过去的耻辱，努力自救，既以免生将来更大的惨变，复可争回民族固有的健康。

但，对于苦味的意义，我们都还没有一番深切的了解吗？

为什么尝一尝胆的苦味，就会影响国家的安危呢？

　　这是因为胆的苦味，触动了舌头上的神经，那神经立刻通知大脑，大脑顿时感到苦的威胁了。由小苦而联想到大苦，由小怨而联想到大怨，由一身的不快而联想到一国的大恨，由局部的受侵害而全民族震撼了。胆的味虽小，我们民众，个个都抱着尝胆的决心，那力量是不可侮的。

　　大脑分派出的"感觉神经"，在舌头的肉皮下四面埋伏着。那些神经的最前线，叫作"味蕾"，是侦察味之消息的前哨。这些味蕾的外层有好几个扁扁平平的普通细胞，内层则由 6 个或 8 个有特种职务

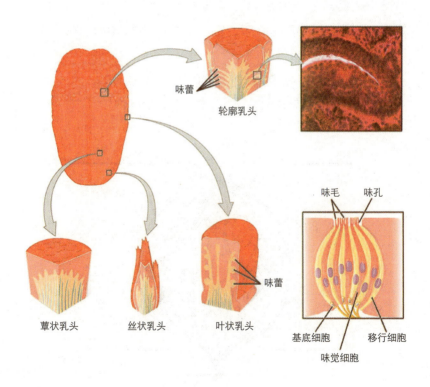

味蕾

轮廓乳头

蕈状乳头　　丝状乳头　　叶状乳头

味蕾

味毛　味孔

基底细胞　　移行细胞

味觉细胞

舌头的结构

的细胞，叫作"味细胞"所织成。味蕾不是舌头上处处都有，有的单有一个孤独的味细胞散在各处，也就能知味了。所以味蕾好比一队一队的武装警士，味细胞就好比是单身的便衣侦探了。从口里来往的客货，通通要经过它们的检查盘问呀。

运到口里的客货，大部分都是充为食品，那些食品当中，有好有坏，有美有丑，一经味蕾审查，没有不发觉的。虽然，这也不一定十分靠得住。有时，无味而有毒的物品，也可以混过去。何况有美味的食品，不一定就没有毒。又何况有毒的食品，也可以用甜美的香料来装饰，就如我们中国的敌人，一面步步尺尺侵略，一面还要口口声声亲善。倒是胆的味虽苦而无毒，反可以时时刻刻提醒我们雪耻精神，再接再厉地奋斗。

味的发生，是有味物品和味细胞的胞浆直接接触的结果。

然而干的物品放在干的舌头上面，是没有味的。要发生味的感

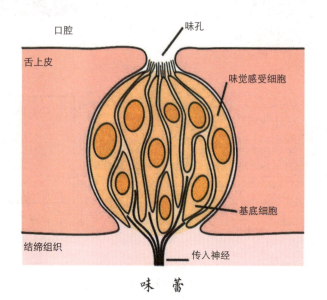

味　蕾

觉,那物品一定要先变成流体,或受口津的浸润、溶化。这就像民众的爱国观念,须先受民族精神的训练,国际知识的灌溉。没有训练,没有知识的民众,只堪做他人的奴隶、牛马,而不自觉。

味并不是物品所固有,并不是那物品的化学结构上的一种特性。

味是味细胞的特有情绪,特具感觉,受外物的压迫而发动。

蔗糖、饴糖和糖精,三种物品,在化学结构上大不相同,而它们的味,却都是甜甜的。糖精的甜味,且500倍于蔗糖。

反之,淀粉是与蔗糖一类的东西,反而白白净净,一些味儿都没有。

味又不一定要和外来的物品接触而发生,自家的血液内容,若起了特殊的变化,也会和味发生关系。

糖尿病人,因为血里面的糖太多,有时终日都觉得舌头是甜甜的。

黄疸病人,因为胆汁无限制地流入血中,因此成天地舌底舌面都觉得是苦苦的。

有的生理学者说,这些手续、这些枝节,都不是绝对必要的。只须用电流来刺激味的神经,也会发生味的感觉。用阳极的电来刺激,就发生酸味;用阴极的电来刺激,就发生苦味。

总之,味的感觉,是味细胞的潜伏着的特性,不去触动它,是不会发作的。在这一点,味好似一般民众的情绪。不论是国内的汉奸,或本地的土劣,不论是哪里冲来的敌人,东洋还是西洋,谁叫我们大众吃苦头的,谁就激起了大众的公愤,一律要反抗,一律要打倒。

生理学家又说:味的感觉,虽有种种色色,大半不相同,基本的味,单纯的味,只有四种。哪四种?

一种是糖一般的甜,一种是醋一般的酸,一种是盐一般的咸,一种是胆一般的苦。

这四种,再加上香、臭、腥、辣、冷、热、油滑或粗糙,味的变化可就无穷了。这些附加的感觉，都不是味，而味的本身，却为其所影响，而变成混杂的感觉。

所以我们若塞着鼻子吃东西，许多杂味，都可以消除。许多杂味，都是鼻子的感觉，不是我们舌头真正的感觉呀。

孔子在齐国听到了韶乐，有 3 个月的光阴，不知道肉是什么味。这是乐而忘味，并不是舌头的神经麻木了。舌头的神经，万一麻木，就如舆论不自由，是顶苦的苦情啊！

纯甜、纯酸、纯咸、纯苦，这四种单纯的味，在舌头上，各有各的势力范围、各的地盘。舌尖属甜，舌底属咸，舌的两旁属酸，舌根属苦。

生理学者就各依它们的地盘，去测验这四味的发生所需要的刺激力之最小限度。

研究的结果是，每 100 立方毫米的清水里面：

盐，只须放 0.25 克，就觉着咸；

糖，只须放 0.50 克，就觉着甜；

盐酸，只须放 0.007 克，就觉着酸；

鸡纳，只须放 0.00005 克，就觉着苦。

可见我们对于苦，有极大的感觉。我们的舌根，只须极轻微的苦味，已能发觉了。

真的，我们要知苦，还用不着尝胆哩。

这年头，是苦年头，苦上加苦，身家的苦，加上民族的苦。苦是苦到头了，现在所需要者，是对于苦之意义的认识。要解除苦的羁绊，还是靠我们吃苦的大众，抱着不怕苦的精神，团结起来，努力向前干。

1935 年 12 月 20 日　上海

触——清洁的标准

人是什么造的呢？

生理学家说：人是血、肉、骨和神经等各种细胞组织而成。化学家说：人是碳水化合物、蛋白质、脂肪等配制而成。更简单点儿说，人是糖、盐、油及水的混合物。

先生、太太、娘姨、车夫、小姐、少爷、女工，不论是哪一种人，哪一流人，在科学家眼光看去，都是一样耐人寻味的活动试验品，一个个都是科学的玩具。

说到玩具，我记起昨天在一位朋友家里，看见了一个泥美人，这个美人，虽是泥造的，而眉目如生，逼煞真人，也许比我所看见过的真的美人还美一分。泥美人与真美人不同的地方，一是没有生命的泥土，一是有生命的血肉。然而表面的一层皮，都是一样的好看，鲜艳可爱。

记得不久之前，我到"新光"去看《桃花扇》，从戏院里飘出来了一位装束时髦的贵妇人，洋车夫争先恐后地抢上去拉生意。那贵妇人，轻竖娥眉，装出不耐烦而讨厌的样子，呲的一声，急急地和她后面的一个西装革履的男子，跳上汽车走了。我想，那贵妇人为什么这样讨厌洋车夫呢？恐怕都是外面这一层皮的颜色和气味不同的缘故吧！里面的血肉原是一样的啊！

同是血肉，不幸而为洋车夫，整天奔跑，挣一点儿钱，买几块烧饼吃还要养家，哪里有闲工夫天天洗澡，有闲钱买扑身粉，以致汗流污积，臭味远播，使一般贵妇人见而急避。

同是血肉，何幸而为贵妇人，一天玩儿到晚，消耗丈夫的腰包，涂脂搽粉，香闻十里，使洋车夫敢望而不敢近。

现在让我们细察皮肤的结构，看上面到底有些什么。

皮肤的外层是由无数鱼鳞式的细胞所组成。这些皮肤细胞时时刻刻都在死亡。同时，皮肤的内层，有脂肪腺，时时都在出油，有汗腺，时时出汗。这些死细胞、油、汗，和外界飞来的灰尘相拌，便是细菌最妙的食品。于是细菌，远近来归，都聚集于皮肤毛孔之间，大吃特吃。

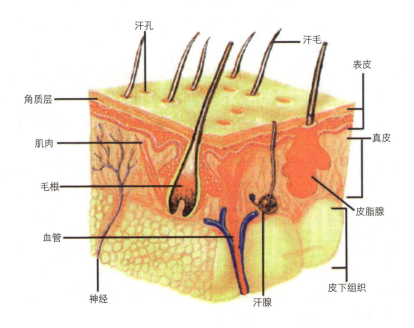

皮　肤

这些细菌里面，最常见的为"白葡萄球菌"，占 90%，每个人的皮肤上都有，这种细菌，虽寄食于人，而无害于人，但它的气味，却有一点儿寒酸。

次为"黄葡萄球菌"，占 5%。这种细菌可厉害了。它不甘于老吃皮肤上的污垢，还要侵入皮肤内层，去吃淋巴，被微血管里的白血球看见了，双方一碰头，就打起仗来。于是那人的皮肤上就生出疖子，疖子里面有白色的脓液，脓液就是白血球和"黄葡萄球菌"混战的结果。

其他普通的细菌，如"大肠杆菌""变形杆菌"及"白喉类杆菌"，也有时在皮肤上发现。但是皮肤不是它们的用武之地，不过偶尔来到这里游历而已。

皮肤走了倒运，一旦遇到了凶恶狠毒的病菌，如"丹毒链球菌""麻风杆菌""淋球菌"之类，那就有极大的危险，不是寻常的事了。

我们既不能停止皮肤流汗出油，又不能避免它不和外界接触。所以唯一安全的办法，就是天天洗澡。然而天天洗，还是天天脏，细胞还须天天死，细菌还要天天来，何况在夏天，何况不能常洗之人，如洋车夫、小工人等，真是苦了一般体力劳动者了。

虽然，整天地在烈日下奔走劳作的劳动者，袒胸露臂，光着两腿，日光就是他们的保障。日光可以杀菌，他们无时不在日光浴，而且劳动不息，肌肉活泼，血液流通，皮肤坚实，抵抗力甚强。这是他们天然健康美，细菌可吃其汗，而不敢吃其血，所以他们身上，汗的气味虽浓，皮肤病则不多见也。

摩登妇女天天洗濯，搽了多少粉，喷了多少香，蔻丹胭脂，无所不施，然而她能拒绝细菌不时地吻抱么？而且细菌顶喜欢白嫩而柔弱

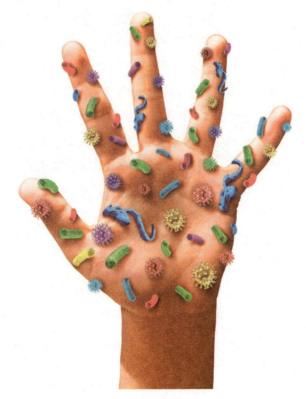

手上的细菌

的肉皮，谓其易于进攻也。于是达官贵人的太太、小姐乃至于姨太太，等等，春天也头痛，秋天也心跳，冬天发烧，夏天发冷了。

这样看来，同是肉皮，何必争贵贱，难道这一层薄薄的皮肤，涂上一些色彩，便算得健康和清洁的标准么？

我们再移转眼光去观察鼻孔、咽喉、口腔以至于胃肠各部的清洁程度。

鼻孔的门户永远开放。整天整夜在那里收纳世界上的灰尘，虽经你洗了又洗，洗去了一丝丝的鼻涕，一下子，灰尘携着成千成万的细菌又回来了。在北平，大风一刮，走沙飞尘，这两个鼻孔，更像两间堆煤栈，犹幸鼻毛是天然的滤斗，把细菌灰尘都挡驾了。这些来拜访的小客人，多半都是"白喉类杆菌"及"白葡萄球菌"。有时来势凶猛，挡不住，被它们冲进去，到了咽喉。

咽喉是入肺的孔道，平时四面都伏有各种细菌，如"八叠球菌""绿链球菌"及"阴性格兰氏球菌"①之类。咽喉把守不紧，肺就危险了。

口腔虽开关自主，而一日三餐，说话之间，危机四伏，睡眠之时，张开大口，尤为危险。从口腔，经胃肠，至肛门，这一条大道，自婴儿呱呱坠地以来，即辟为食品商埠，更进而为细菌殖民地。细菌之扶老携幼，移民来此者摩肩接踵、形形色色、不胜枚举，就中以寄居于大肠里面的"大肠杆菌"为最著名，足迹遍人类之大肠。

这些熙熙攘攘的细菌，为摩登妇人所看不见、洗不净，不得不施以香粉，喷以香水，以掩其臭。这是车夫工人与达官贵人的共同点。车夫之肠固无二于贵人之肠也，车夫之屎不加臭，贵人之屁不加香。

然而贵人之食过于精美又不劳动而造成胃弱肠痛之病，车夫粗食，其胃甚强。这点贵人又不如车夫了。

贵人、贵妇人等，只讲面子，讲表皮上的漂亮、香甜，而内在的坚实、纯洁却让予车夫、工人了。

1935 年 10 月 12 日

---

① 格兰氏球菌，现一般写为革兰氏球菌。——编者注

"蚂蚁"的生活

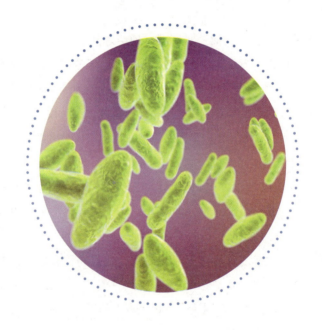

细菌的衣食住行

　　衣食住行是人生的四件大事，一件都不能缺少。不但人类如此，就是其他生物也何曾能缺少一件，不过没有人类这样讲究罢了。

　　细菌是极微极小的生物，是生物中的小宝宝。这位小宝宝穿的是什么？吃的是什么？住在哪里？怎样行动？我们倒要见识一下。

　　好呀，请细菌出来给我们看一看呀！

　　不行，细菌是肉眼看不见的东西，它比我们的眼珠就小了2万倍呀。幸亏260年前荷兰有一位看门老头子叫作列文·虎克先生把它发现出来。列文·虎克先生一生的嗜好就是磨镜头，在他屋子里存着好几百架自制的显微镜，天天在镜头下观察各种微小东西的形状。有一天他研究自己的齿垢，忽然看见好些微小的生物在唾液中游来游去，好像鱼在大海中游泳一般。这些微小的生物就是我们现在所要介绍的细菌。自从发现细菌以后，经过许多科学家辛辛苦苦研究，现在我们已渐渐知道它的私生活的情况了，但是大众对于细菌不过偶尔闻名而已，很少有见面的机会，至于它的衣食住行更莫名其妙了。

　　我们起初以为细菌实行裸体运动，一丝不挂，后来一经详细地观察，才晓得它们个个都穿着一层薄薄的衣服，科学的名词叫作荚膜。这种衣服是蜡制的，要把它染成紫色或红色才看得清楚。细菌顶怕热，若将它们抹在玻璃片上放在热气上烘，顷刻间这层蜡衣都化走，露出它们娇嫩的肤体。他们又很爱体面，当它们来到人类或动物的体内游历，或在牛奶瓶中盘桓之时，穿得格外整齐，这层蜡衣显得格外分明。细菌的种族很多，其中以"荚膜杆菌""结核杆菌"及"肺炎球菌"三族衣服穿得特别讲究、特别厚、特别容易为我们所认识。

　　细菌的吃最为奇特而复杂，我们若将它详详细细地分析一下，也可以写成一部食经。在这里不便将它的全部秘密泄露，只略选其大概而已。细菌是贪吃的小孩子，它们一见了可吃的东西便抢着吃，吃个不休，非吃得精光不止。但它们也有吃荤绝对不吃素的，也有吃素绝对不吃荤的，所以我们有动物病菌与植物病菌之分。大多数的细菌都是荤素兼吃。有的细菌荤素都不吃而去吃空气中的氮，或无机化合物如硝酸盐、亚硝酸盐、阿莫尼亚、一氧化碳之类。此外还有吃铁的铁菌和吃硫黄的硫菌。更有专吃死肉不吃活肉的腐菌和专吃活肉不吃死

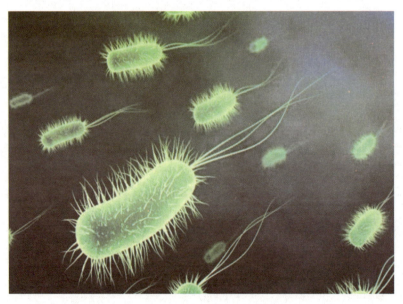

细　菌

肉的病菌。麻风的病菌只吃人及猴子的肉，不肯吃别的东西，平常住在水里或土壤里的细菌，到了人或动物的身上就要饿死。然而结核杆菌及鼠疫杆菌等这些穷凶极恶的病菌就很刁顽，它们在离开人体到了外界之后又能暂吃别的东西以维持生活。在吃的方面，细菌还有一种和人类差不多的脾气，我们不可不知道的，就是太酸的不吃，太咸的不吃，太干的不吃，太淡而无味的也不吃，大凡合人类的胃口也就合它们的胃口。所以人类正在吃得有味的东西，想不到它们也在那里不露声色地偷着吃。

细菌的住是和食连在一起的，吃到哪里就住到哪里，在哪里住就吃哪里的东西，它们吃的范围是这样的广大，它们住的区域也就无止境了。而且它们在不吃的时候也可以随风飘游，它们的子孙便散布于全地球了（别的星球有没有我们还没有法子知道。从前德国有一位科学家特意地坐气球上升到天空去拜访空中的细菌，他发现离地面 4000 米之高还有好些细菌在那里徘徊）。大部分的细菌都是以土壤为归宿，而以粪土中所住的细菌为最多，大约每一克重的粪土住有 115000000 个细菌。由土壤而入于水，便以水为家，到了人及动植物身上，便以人及动植物的身体为家。还有一种细菌叫作"爱热菌"，在温泉里也可以过活。

好多种细菌身上都有一根根或多根活泼而轻松的鞭毛。这鞭毛鼓舞起来它们便可在水中飞奔，伤寒杆菌能于 1 小时之内渡过 4 毫米长的路程。这一点的路在细菌看来实在远得很，因为它们的身长尚不及 2 微米，而 4 毫米却比 2 微米长 2000 倍。霍乱弧菌飞奔得更快，它们可于 1 小时之内渡过 18 厘米长的路程，比它们的身体长 9 万倍，别的生物都不能跑得这样快。然而细菌若专靠它们自己的鞭毛游动毕竟走得不远。它们是喜欢旅行，喜欢搬家的，于是不得不利用别的法子。它们看见苍蝇附在马尾还能日行千里，老鼠伏在船舱里犹能从欧洲搬到亚洲，它们何不就附在苍蝇和老鼠身上，岂不是也可以游历天下么？于是蚊子苍蝇就成为了它们的飞机，臭虫跳虱就成为了它们的火车，鱼蟹蠔蛤就成为了它们的轮船，自由自在地到处观光。不仅如此，它们还会骑人，在这个人身上骑一下又跳到另外一个人身上骑一下，你看，在电车上，在戏院里，在一切公共的场所，这个人吐了一口痰，那个人说话口沫四溅，都是它们旅行的好机会呀。

细菌的大菜馆

　　是人类开始的那一天，亚当和夏娃手携手，赤足露身，在伊甸河畔的伊甸园中，唱着歌儿，随处嬉游，满园树木花草，香气袭人。亚当指着天空一阵飞鸟，又指着草原上一群牛羊，对夏娃说："看哪！这都是上帝赐给我们的食物呀。"于是两口儿一齐跪伏在地上大声祷告，感谢上帝的恩惠。

　　这是犹太人的宗教传说。直到如今，在人类的半意识中，犹都以为天生万物皆供人类的食用、驱使、玩弄而已。

　　希腊神话中，奥林匹亚山上一切天神都是为人而有，如爱神司爱，战神司战，谷神司食，因为人而创出许多神来。

　　我们古老国家的一切山神、土地、灶君、城隍也都是替人掌管，为人而虚设其位。

　　这些渺渺茫茫无稽之谈都含有一种自大性的表现，自以为人类是天之骄子，地球上的主人翁。

　　自达尔文的《物种起源》出版，就给这种自大的观念，迎头一个痛击。他用种种科学的事实，说明了人类的祖先是猴儿，猴儿的祖宗又是阿米巴（变形虫），一切的动物都是远亲近戚。这样一说，人类又有什么特别贵重呢？人类不过是靠一点儿小聪明，得到一些小遗产，走了幸运，做了生物的官，刮了地球的皮，屠杀动物，砍折植物，发掘矿物，以饱自己的肚皮，供自己的享乐，乃复造出种种邪说，自称为万物之灵。

布伦费尔先生，美国的一位先进的细菌学家，正在约翰·霍普金斯大学医院实验室里，穿着白衣，坐在黑漆圆凳子上，俯着头细看显微镜下的某种大肠杆菌，忽然听见我讲到"饱自己的肚皮"一句，不禁失声大笑，没有转过头来，接着就说，带有一半不承认我的话的口气：

"饱谁的肚皮呀？恐怕不仅饱人类自己的肚皮吧？你就不想到人类的肚子里还有长期的食客、短期的食客、来来往往临时的食客呀。一个个两条腿走来走去的动物，还是细菌的游行大菜馆呀。"

我本来处于摇摇孤单的地位，硬着胆说了前面的一篇话，已预计会被听众包围问难，被他这一问，倒惊退一步。但他不等我回答，又站起来，回过身倚着试验桌，接着侃侃而谈：

"不仅人类的肚皮是细菌的菜馆，狮虎熊象、牛羊犬鼠、燕雁鸦雀、龟蛇鱼虾、蛤蚌蜗螺、蜂蚁蚊蝇，乃至于蚯蚓蛔虫，举凡一切有脊椎和无脊椎的动物，只须有一个可吃的肚皮或食管，都是细菌的大小菜馆、酒店。不但如是，鼻孔喉咙还是细菌的咖啡馆，皮肤毛管还是细菌的小食摊，而地球上一沟一尘，一瓢一勺，莫不是它们乘风纳凉饮冰喝茶之所。细菌虽小，所占地盘之大，子孙之多，繁殖之速，食物之繁，无微弗至，无孔不入，诚人类所不敢望其肩膊。所以这世界的主人翁，生物的首席，与其让人类窃称，不如推举细菌。"

他说到这里顿了一顿，我赶紧含笑插进去说：

"然则弱小细微的东西从今可以自豪了。你的话一点儿都不错。强者大者不必自鸣得意，弱者小者毋庸垂头丧气。大的生物如恐龙巨象，因为自然界供养不起，早已绝种。现在以鲸鱼为最大，而大海之中不常见。老虎居深山中，奔波终日，不得一饱，看见丛林里一只肥鹿，喜之不胜，又被它逃走了。蚂蚁虽小，而能分工合作，昼夜辛勤，所获食料，可供冬日之需。生物愈小，得食愈易。我不要再拖长了。现在就请布伦费尔先生给我们讲一点儿细菌大菜馆的情形吧！"

布伦费尔先生是研究人类肚子里的细菌的专家。他深知其中的奥妙。

于是这位穿白衣的科学先生又开口了。这一次，他提高嗓音，用庄严而略带幽默的态度说：

"我们这一所细菌大菜馆，一开前门便是切菜间，壁上有自来水，长流不息，菜刀上下，石磨两列，排成半圆形，还有一个粉红色活动的地板。后面有一条长长的甬道，直达厨房。厨房是一只大油锅，可以放缩，里面自然发生一种强烈的酸汁，一种神秘的酵汁。厨房的后面，先有小食堂，后有大食堂，曲曲弯弯，千回百转，小食堂备有咖喱似的黄汁，以及其他油呀醋呀，一应俱全。大食堂的设备，较为粗简，然而客座极多，可容无数万细菌，有后门，直通垃圾桶。

"形形色色的菌客菌主菌亲菌友，有的挺着胸膛，有的弯腰曲背，有的圆脸儿涂脂搽粉，有的大腹便便，有的留个辫子，有的满面

大肠杆菌

胡须，或摇摇摆摆，或一步一跳，或匍匐而入，或昂然直入。有的从前门，有的从后门。

"从前门而入者，多留在切菜间，偷吃菜根肉余齿垢皮屑。然而常为自来水所冲洗，立脚不定。不然，若吃得过火，连墙壁、地板、刀柄都要吃，于是乎人就有口肿、舌烂、牙痛之病了。

"这一群食客里面，最常来光顾的有六大族。一为圆脸儿的'小球菌'，二为像葡萄的'葡萄球菌'，三为珠脸儿的'链球菌'，四为硬挺挺的'阳性格兰氏杆菌'，五为肥硕的'阴性格兰氏杆菌'，

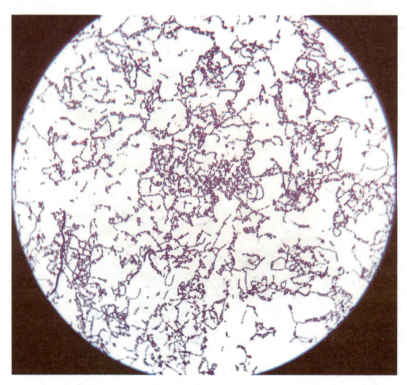

链球菌革兰氏染色

六为弯腰曲背的'螺旋菌'，这些怪姓，经过一次的介绍，恐你们仍记得不清啊。

"在刷牙漱口的时候，这些无赖的客人，一时惊散，但门虽设而常开，它们又不请自来了。

"婴儿呱呱坠地的一刹那间，这所新菜馆是冷清清的无声无息。但一见了空气，一经洗涤，细菌闻到腥秽的气味，就争先恐后，一个个从后门踉跄而入。假如将婴儿的肛门消毒，再用一条无菌的浴巾封好，则可经20小时之久，一验胎粪仍杳然无菌迹。一过了20小时之后，纵使后门围得水泄不通，而前门大开，细菌已伏在乳汁里面混进来了。

"在母亲的乳汁中混进来的食客以'乳枝杆菌'一族为最多，占99%，其中有时夹着几个'肠球菌'及'大肠杆菌'。

"假如母亲的乳不够吃，又不愿意雇奶妈，而去请母黄牛作奶娘，由牛奶所带来的细菌，就五光十色了。最多数的不是'乳枝杆菌'而是'乳酸杆菌'了。此外还有各种各样的'大肠杆菌''肠球菌''阳性格兰氏需气芽孢杆菌''厌气菌'等，甚至有时混着一两个刺客，如'结核杆菌'，那就危险了，所以没有严格消毒过的牛奶，不可乱吃呀！

"在成年的人，肚子饿的时候，油锅里没有菜煮，细菌也不来了。一吃了东西，细菌却跟着进来，厨房里就拥挤不堪。但是胃汁是很强烈的，它们未吃半饱，都已淹死了。只有几种'抗酸杆菌'及'芽孢杆菌'还可幸免。但是在有胃病的人，胃汁的酸性太弱，细菌仍得以自全，并且如'八叠球菌''寄腐杆菌'等竟毫无顾忌地就在这厨房里组织新家庭，生出无数菌儿菌孙。而那病人的胃一阵一阵地痛了。

"过了厨房，就是小食堂。那里食客还不多。然而食客到了食堂

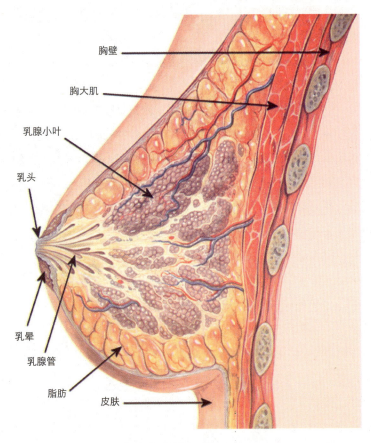

胸壁

胸大肌

乳腺小叶

乳头

乳晕

乳腺管

脂肪

皮肤

乳腺的横断面

就流连不忍离去，于是有好些都由短期变成长期食客了，这些长期食客中以大肠杆菌为最主要。它的足迹走遍天下菜馆，不论是有色人种也好，无色人种也好，它都认得，每个人的肠内都有它在吃。"

说到这里，白衣科学先生用他尖长的右手的食指，指着桌上那一架显微镜说：

"我在这显微镜上看的就是这一种'大肠杆菌'。其余的食客恕我不一一详举。

"一到了大食堂，就大热闹起来。摇头摆尾，挤眉弄眼，拍手踏足，摩肩攘臂，济济一堂，尽是细菌亲友，细菌本家。有时它们意见不合，争吵起来，扭做一团，全场大乱，人便觉得肚子里有一股气，放不出来。

"快到后门了，菜渣和细菌及咖喱似的黄汁相拌，一变而为屎。1斤屎有四五两细菌哩。然而大部分都是吃得太饱胀死了。

"以上所述，都是安分守己的细菌，还有一群专门捣墙毁壁的病菌，那我们不称它们作食客。简直叫它们作刺客暗杀党了。这就再请其他的专家来讲吧！"

细菌的形态

　　有了一架可以放大至 1000 倍左右的显微镜，看细菌是方便的事了。只须将那有菌的东西，挑下一点点涂于玻璃薄片上，和以 1 滴清水，放在镜台上，把镜筒上下旋转，把眼睛搁在接目镜上一看，镜中自然隐约浮出细菌的原形来。

　　但是，这样看法，就好像半夜醒来，睡眠迷离中，望见天空烁烁灼灼，忽明忽暗的星河星云，看得太模糊恍惚了。

　　自柯赫先生引用了染色法以来，于是细菌也施紫涂朱，抹黄穿蓝，盛装艳服起来，显得格外分明鲜秀。

　　后来的细菌学家相继改良修进，格兰先生发明了阴阳染色法，齐尔、尼尔森两先生发明了抗酸染色法，于是细菌经过洗染之后，轮廓特别明显，内容清晰，而且可作种种的分类了。

　　就其轮廓而看，细菌大约可分为六大类：一为像菊花似的"放线菌"，二为像游丝似的"丝菌"，三为断干折枝似的"枝菌"（即分枝杆菌），四为小皮球似的"球菌"，五为小棒子似的"杆菌"，六为弯腰曲背的"弧菌"，那第六类，有的多弯了几弯，像小小螺丝钉，又叫作"螺旋菌"。

　　这些细菌很少孤身漂泊，都爱成双结队，集队合群地，到处游行。球菌中，有的结成葡萄儿般的一把一把数十百个在一起，名为"葡萄球菌"，有的连成珠儿般的一串一串，有短有长，名为"链球

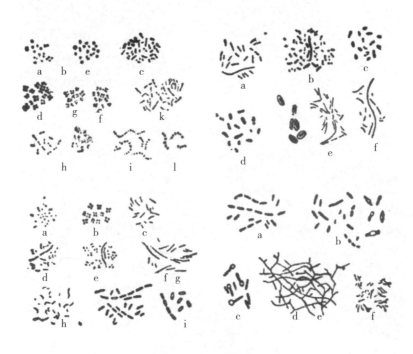

菌"，有的拼成豆儿、栗子、花生般的一对一对，名为"双球菌"，有的整整四个联成一处，名为"四联球菌"，有的八个叠成立方体，名为"八叠球菌"。

上左 a，b，e—葡萄球菌；d，g，f—四联球菌，八叠球菌；

　　　h—双球菌；k—白喉杆菌；c—假白喉杆菌；i—长链球菌；

　　　l—黏液性链球菌

上右 a—大肠杆菌，伤寒杆菌；b—赤痢杆菌；c—鼠疫杆菌；

　　　d—荚膜杆菌；e—鼠败血症杆菌；f—（曾克利）杆菌

下左 a—葡萄球菌，b—八叠球菌；c—变形杆菌；d—水菌；

　　　e，f，g—色菌；h—霍乱弧菌；i—枯草杆菌

下右 a—革状杆菌；b—马铃薯杆菌；c—破伤风杆菌；

　　　d，e—放线菌；f—结核杆菌

细菌的形态

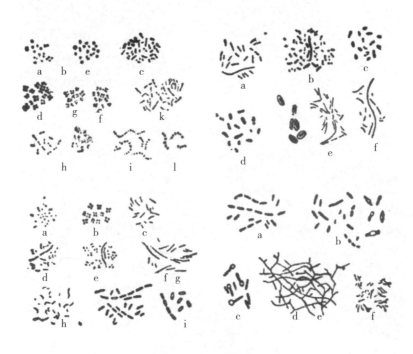

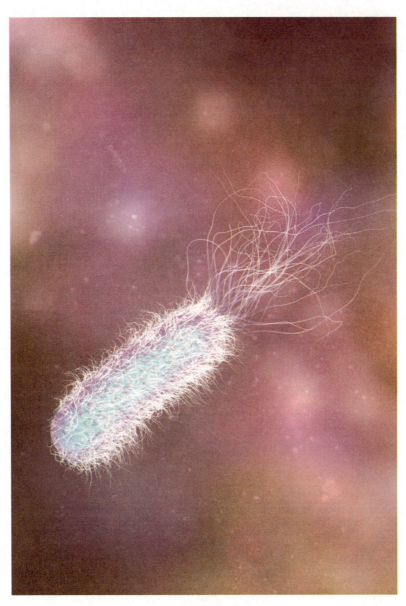

细菌的鞭毛

杆菌中，有的竹竿儿似的一节一节；有的马铃薯般的胖胖的身躯；有的大腹便便，身怀芽孢；有的芽孢在头上，身像鼓槌；有的两端肿胀，身似豆荚；有的身披一层荚膜；有的全身都是毛；有的头上留有辫子；有的既有辫子，又有尾巴；长长短短，有大有小。

　　细菌都有点儿阴阳怪气，有的阴盛，有的阳多，有的喜酸性，有的喜碱性。若用格兰先生的染料一染，点了碘酒之后，再用火酒来洗，有的就洗去了颜色，有的颜色洗不去了。洗去的就叫作"阴性格兰氏球菌"及"阴性格兰氏杆菌"；洗不去的就叫作"阳性格兰氏球菌"及"阳性格兰氏杆菌"哩。这阴阳两大类的球菌和杆菌，所以别者，皆因其化学结构及物理性质有所不同，换言之，即它们生理上的作用，是不一样的呀。

　　有一类分枝杆菌，如著名的结核杆菌，满身都是油，很不容易染色，后来齐先生和尼先生，把它放火上烘，烘得油都化走了，于是一经染色，就是放在酸汁中浸，也洗不退，这就是抗酸染色，这一类杆菌，又被称为"抗酸杆菌"了。

　　染色之道益精，菌身的内容益彰。细菌身上或有芽孢，或有荚膜，或有鞭毛。前文已经隐隐提出。芽孢所以传种，荚膜所以自卫，鞭毛所以游动。

　　除此之外，孢中并非空无一物，有说还有孢核，有说还有色粒，连细菌学家，都还没有一律的主见，我们俗人，更不必细究。

1935 年 11 月 5 日

细菌的祖宗——生物的三元论

　　中国人最尊重的就是祖宗，所以现在我要谈起细菌的祖宗，一定很合你们的胃口，你们听了总不会十分讨厌罢。

　　不过，我们中国人从来是重男轻女，所谓祖宗都是指父系而言，和母亲娘家的人是毫无关系的。每逢年节，祭祖扫墓的事不都是纪念父系这边的死人吗？

　　细菌这生物，不分男女，不辨雌雄，就有，也都一律平等，没有什么轻重，所以科学家不论是在显微镜下观察，或者是在玻璃器里试验，不知费了多少精神，几许工夫，总不能辨出它们，哪个是公，哪个是母，哪个是夫，哪个是妇。

　　细菌的祖宗究竟是谁呢？

　　古今中外的帝王都有年谱。世家也有列传。细菌族里可惜没有族谱，而且从来没有人替它们立传。所以菌族先世的性状并没有记载可寻。

　　于是生物学者就纷纷议论起来了。

　　人类和细菌初次会面还不过是 260 多年前的事。中国人虽常吃香蕈蘑菇，然而这些都是大菌，和细菌无关。

　　有人说香蕈蘑菇之类的大菌便是细菌的祖宗。提出这个意见的人以为小的生物都是从大的生物而来。例如蚂蚁、蜜蜂、蝴蝶、苍蝇以及其他一切昆虫的祖宗，就是古生物时代号称为大海霸王的"三叶

三叶虫

虫"。在当时三叶虫的躯体庞大无比，横行水中，水中小鱼小兽见了它都很羡慕，谁想到它后代的子孙，都是那么小小的。

又如龟蛇鳄鱼这一类的动物，它们的祖宗，也曾在大陆上横行过一时，那时代就叫作爬虫时代，那些爬虫，如恐龙怪蟒之类，都是顶大顶可怕的。

就是我们人类的祖宗，原始人的躯体听说也比现代人大了好些。这些不都是生物从大而小的证据吗？

然而有些微生物学者听了这话又大不以为然了。据他们说单细胞生物是多细胞生物的祖宗，而单细胞生物却比多细胞生物小。这样一说，生物的演变，又是由小而大了。

据说最近几十年内，微生物学者又发现了好几种有生命的小东西，小到连显微镜下都看不见，因而称作"超显微镜的生物"。那么，这些超显微镜的生物，是不是细菌的祖宗，而细菌又是不是其他一切生物的祖宗呢？

但是超显微镜的生物，也和细菌一样，也和香蕈蘑菇一样，都不能独立自主地生活，都须寄生于其他生物的身上，这样一说，就都没有做祖宗的资格，因为没有主人不会有客人，没有其他生物之前哪里会有寄生物呢？

这岂不是像细菌这一类的东西，只配做人家的儿孙，不配做人家

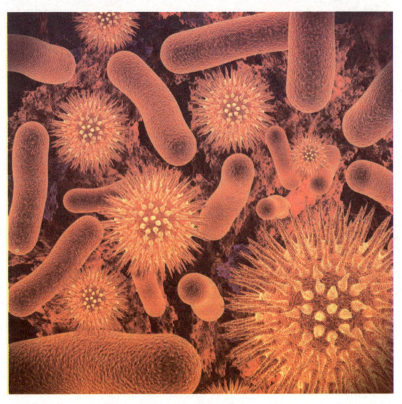

细菌图

的祖宗吗？

生物学者向来把生物分作两大界：一界是植物，一界是动物。

我以为既分作两界，不如分作三界。另添的一界是菌物，就是指香蕈蘑菇和细菌这一类的东西。

分作两界最大的理由，是因为植物体内有"叶绿素"，靠着这叶绿素的力量，它会利用阳光，将水及二氧化碳综合起来变成糖类。动物却没有这个本事，这是动植物两界基本上不同的地方。

其次，就是因为动物能行动自由，不受土地的束缚，而植物则非连根带泥拔出来，就动不得，偶尔身上长有鞭毛或纤毛，然而也只能使局部略略飘动罢了，并不是全身的迁移。

又其次就是因为动物须到处寻找食物，所以具有敏锐的感觉神经，而植物无须仔细去辨别食物，所以并没有像动物那样敏锐的感觉。

又其次就是因为这两界的生物的形态大不相同。动物的身体都是缩做一团，上面有一条孔道可通食物，又具有消化器。植物所吃的东西都是气体和液体，这些东西四处都有，又无须经过消化的手续，所以它们的"枝""干""叶""根"都是四面张开。

现在大个子的菌物，如香蕈蘑菇之类，都是附着树干上而生，它们的外貌和植物没有两样，所以生物学者都把它们认作植物，可是它们的内容并没有一点儿叶绿素。没有叶绿素又怎样配称作植物呢！

至于细菌这一类小小的东西，固然有的也在土中生长，有的也随着空气而飘荡，有的也在水中奔波逐流，有的竟漂泊到动植物身上去，就是你们人类的肚子里也有它们的踪迹，它们身上的鞭毛又很活泼，在液体中游动起来，真比汽船潜艇还快，这些都充分地表示它们是可以自由行动，并不受土壤的节制。况且它们身上也没有一丝一毫的叶绿素，这样看来应当把它们归于动物一界了。

然而生物学者犹豫了半世纪之久，后来到底因为它们的生活状态极似大菌，终于通过列它们于植物之界了。

细菌族里还有一位螺大哥，它的形状弯弯曲曲，很像螺丝钉，因为它身上没有鞭毛，靠着它自身一弯一曲的力量，而能飞快的游动，因此有时生物学者又把它拉入动物之界了。

这似乎有点儿不公平。这是生物学传统的观念，以为生物只能有两界，不是植物，便是动物，只看形式，不顾实际。

植物固然有叶绿素，能自制糖。这糖便是植物自身的食料，但它却是造得太多了，而有过剩，这些过剩的食料便送给动物吃了。

动物因为有消化器，所以能把这些植物所过剩的食料，分解了而又重新综合起来，变成自身组织的结构。若植物只管制造食料，动物只管吞吃食料而没有第三者出来代自然界收回这些原料，以供植物的再取再用，那生物界就有绝食之虞了。

这第三者的工作，就是菌物界的各分子来担任了。

香蕈蘑菇的工作，就是去分解树皮、树干、树枝、树叶这一类坚硬的东西，使它们软化，然后昆虫吃了才能消化。

细菌的工作，就是去分解动物的尸身，把它们变成各种无机物，以供植物直接从土中吸收。

由此可见生物的循环，是有三大段：第一段是植物的工作，第二段是动物的工作，第三段便是菌物的工作了。

生物既分作三界了，菌族的地位，也就名正言顺，落落大方，不必依傍他物了，于是菌族的祖宗也就有些眉目可寻了。

这些眉目在哪里呢？

我们现在请达尔文先生出来作见证吧。在达尔文先生的《物种起

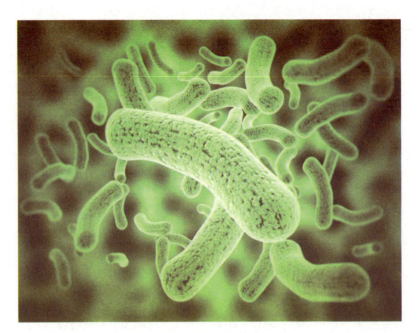

细菌图

源》里，一切生物的进化程序，可以说都是由简单到复杂。

这样一说，单细胞生物无疑的是多细胞生物的祖宗了。

阿米巴是最简单的单细胞动物，于是阿米巴就做了动物界的祖宗了。青苔是最简单的单细胞植物，于是青苔就做了植物界的祖宗了。细菌是最简单的单细胞菌物，于是细菌也就做了菌物界的祖宗了。

这三界是一样的重要，缺一不可，这是生物的三元论。

阿米巴、青苔和细菌是生物的三位"教主"。然则谁是生物的"太上老君"呢？那就渺渺茫茫无从考据了。

清水和浊水

去年夏天各省抗旱，今年夏天江河泛滥，农民叫苦连天，饿殍遍野，水的问题够严重的了。

伍秩庸先生论饮水说：

"人身自呼吸空气而外，第一要紧是饮水。饮比食更为重要，有了水饮，虽整天的饿，也可以苟延生命。人体里面，水占七成。不但血液是水，脑浆78%也都是水，骨里面也有水。人身所出的水也很多，口涎、便溺、汗、鼻涕、眼泪等都是。皮肤毛管，时时出气，气就是水。用脑的时候，脑气运动，也是出水。统计人身所出的水，每天75两[1]。若不饮水，腹中的食物渣滓填积，多则成毒。若能时时饮水，可以澄清肠脏腑的积污，可以调匀血液使之流通畅达，一无疾病。"这一篇话，自然是根据生理学而谈。于此可见，水的问题对于人生更密切了。

然而，一杯水可以活人，一杯水也可以杀人。水可以解毒，也可以致病。于是水可以分为清水和浊水两种，清水固不易多得，浊水更不可不预防。

18世纪中叶，英国大化学家卡文迪什在试验氢与氧的合并时，得到了纯净的水。后来法国大化学家拉瓦锡证实了这个试验，于是我们知道水是氢和氧的化合物。这种用化学法来综合而成的水，当然是极

---

[1] 1两 = 50克。

纯净极清洁的了。然而这种水实在不可多得，只好用它做清水的标准罢了。

一切自然界的水，多少总含有一些外物。外物愈多则水愈浊，外物愈少则水愈清。这些外物里面，不但有矿物，如普通盐、镁、钙、铁等的化合物之类还有有机物。有机物里面，不但有腐烂的动植物，还有活的微生物。微生物里面，不但有普通的水族细菌，如光菌、色菌之类，还有那些专门害人的病菌，如霍乱弧菌、伤寒杆菌、痢疾杆菌之类。

自然界的水的来源，可分为地面和地心两种。地面的水有雨水、雪水、雹、冰、浅井、山泽、江河、湖沼、海洋等。地心的水就是深

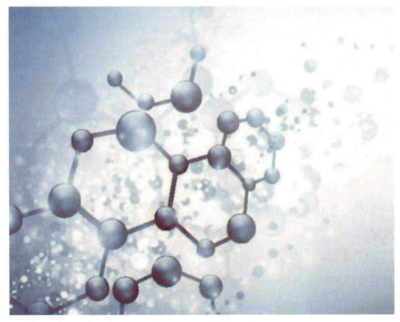

水分子

井的泉水。

雨水应当是很干净的了。然而当雨水下降的时候，空气中的灰尘愈多，所带下来的细菌也愈多。据巴黎门特苏里气象台的报告，巴黎市中的空气，每 1 立方米含有 6040 个细菌，巴黎市中的雨水，每 1 升含有 19000 个细菌。在野外空旷之地，每 1 升的雨水，不过有一二十个细菌。

雪水比雨水浊，这大约是因为雪块比雨点大，所冲下的灰尘和细菌也较多吧。然而巴斯德曾爬上阿尔卑斯山的最高峰去寻细菌，那儿的空气极清，终年积雪，雪里面几乎是完全无菌的了。

雹比雨更浊。1901 年的 7 月，意大利帕多瓦地方下了一阵大雹，据白里氏检查的结果，每 1 升雹水至少有 140000 个细菌。这或是因为那时空气动荡得很厉害，地上的灰尘吹到云霄里去，雹是在那里结成的，所以又把灰尘包在一起，带回地上了。

冰的清浊，要看是哪一种水结成的。除了冰山冰河以外，冰都是不大干净的啊，因为在冰点的低温度，大多数的细菌都能保持它们的生命啊。

浅井的水，假如井保护得法，或上设抽水机，细菌还不至于太多。若井口没有盖，一任灰尘飞入，那就很污浊了。

山涧的水，不使粪污流入，较为清净，所含的微生物，多是土壤细菌，于人无害，但经一阵大雨之后，细菌的数目立刻增加了好几倍。

江河的水最是污浊，那里面不但有很多水族细菌和土壤细菌，而且还有很多的粪污细菌，这些粪污细菌都有传染疾病的危险呀。粪污何以流入江河里面呢？这都是因为无卫生管理，无卫生教育，于是一般无训练的民众都认为江河是公开的垃圾桶，在这一个大错之下，不知枉送了多少性命呀。

湖沼的水比江河为净。水一到了湖就不流了，因为不流，那儿无数的细菌都自生自灭，所以我们说湖水有自动洗净的能力，而以湖心的水比傍岸的水尤为清净少菌。

海水比淡水为净。离陆地愈远愈净。1892 年英国细菌学家罗素在那不勒斯海湾测验的结果，在近岸的海水中，每 1 立方厘米的海水有 7 万个细菌，离岸 4000 米以外，每 1 立方厘米的海水，只有 57 个细菌了。在大海之中，细菌的分布很平均，海底和海面的细菌几乎是一样的多。

由地心涌出的泉水和人工所开掘的深井的水是自然界最清净的水。据文斯洛的报告，波士顿的 15 个自流井，平均每 1 立方厘米只

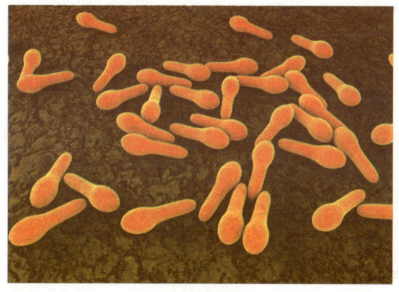

梭状芽孢杆菌

有 18 个细菌。水清则轻,水浊则重。清高宗曾品过通国之水,以质之轻重,分水之上下,乃定北平海淀镇西之玉泉为第一。玉泉的水有没有细菌,我们没有试验过,就有,一定也是很少很少的了。

水的清浊有点儿像人,纯洁的水是化学的理想,纯洁的人是伦理学的理想,不见世面,其心犹清,一旦为社会灰尘所熏染,则难免不污浊了。

清水固然可爱,然而有时偶尔含有病菌,外面看上去清澈无比,里面却包藏祸心,这样的水是假清水,这样的人是假君子,其害人而人不知,反不如真浊水真小人之易显而人知预防。而且浊水,去其细菌,留其矿质,所谓硬性的水,饮了,反有补于人身哩。

化学工作上,常常需要没有外物的清水。于是就有蒸馏水的发明,一方将浊水煮开,任其蒸发,一方复将蒸汽收留而凝结成清水。这种改造的水是很清净无外物的了。

医学上用水,不许有一粒细菌芽孢的存在。于是就有无菌水的发明。这无菌水就是将装好的蒸馏水放在杀菌器里消灭,将水内的细菌一概杀灭。这样人工双重改造过的水,是我们今日所有最纯净的清水了。

浊水还可以改造为清水,人呢?

1935 年 8 月 10 日

地球的繁荣与土壤的劳动者

　　吾乡福州，环山抱海，在人迹未到之前，原是闽江北岸鼓山脚下一片荒地，几块乱石而已。后来，由苗民部落，而田舍、小村、小镇，而县城，而府治，而今日福建的省会，其间也曾做过好几年帝王的宫城，至今城内犹留下三座秀丽的小山——于山、乌石山及屏山，是当初的三块大石头，当苗民初来时，荆棘野草满目，不堪行人。后经他们一步一步地踏成羊肠小径，渐渐化为泥路。汉族移民到此，把它砌成为石子路，又改造为石板路。吾家在于山之麓，我幼时，到明伦小学去读书，天天从家里出来，要转好几个弯，这些石板路，是走得极其纯熟的了。谁知 15 年之后，回到故乡，已街道改观，不识旧人，三坊七巷之间，都是宽大平坦的马路了。

　　由羊肠小径变成平坦大道，由荒野乱石变成热闹的都市，这个浩大的工程，谁的功，谁的力，谁的汗滴而成呢？

　　埃及的金字塔，中国的万里长城，欧洲各处的大教堂、皇宫，纽约的摩天大厦，地球上一切伟大的建筑物，君王只须一道命令，阔佬只须一张支票，工程师不过绞了一点儿脑汁，谁在那里天天流汗、呼喊、挣扎而造成的呢？这些建筑物，千古长存，任人凭吊，而流汗的大众却早已被后人所遗忘了。

　　太阳是群星的一颗，地球又是太阳的一粒碎片，福州只是地球上的一抔黄土，几根青苔而已，那些大的建筑物，在地图上，却不过是

绿色的海藻

一点一圈一横一直罢了。

地球是我们人类的家乡。地球的年龄，据地质学家的估计，大约是 46 亿年。当它初从太阳怀里落下来的时候，是一团火焰，溶化着各种元素。后来慢慢地冷下来了，凝结成了一块橘子形的大石头，直径不及 8000 英里[①]，地心犹是火焰，地面热腾腾的蒸汽。后来地面起了皱纹了，凹凸不平，凹处蒸汽冷了，变成海洋，凸处成为高山。高山的岩石，被风霜冰雹打成碎片散沙，为大雨所冲洗而下，随江河的急流而入于海。这些散沙，在海底浸润了几千万年之久，变成烂泥，等到了环境和气候都适合于生物生存的时候，于是小小的生物，如阿米巴、海藻之类，斯斯文文、不慌不忙地，从烂泥中，一个个跳出来，和太阳行见面礼。这时候的地球是阿米巴和海藻的世界了。

又过了几千万年之后，三叶虫出世，夺了阿米巴的宝座，自称为大海霸王，如今一切的昆虫，都是它后代的儿孙。

再过了几千万年，大鱼小鱼都出世了，还有一跳一跳的癞蛤蟆也跟着后面来了。有一天癞蛤蟆露出头来在水面观光，发现了陆地，大喜，哇的一声，一跃而上，觉得这里倒很清净，从那天起，时时带它的老婆儿女，出没于水陆之间，号称两栖。这时候陆地上也有了一层烂泥了。

由于蛤蟆的领导，大海里的动物，都要爬到陆地上去觅食，但是它们在水里游泳已习惯，一旦爬上岸，只得匍匐蹒跚而行，后来觉得陆地上有趣，都不肯回到水中，于是就有爬虫类的出现。这些洪荒时代的爬虫，都是奇形怪状，庞大无比。它们无时不在追捕弱小的动物，以充饥肠。弱小的动物，被它们迫得无处逃生，经过几百万年的奋斗，果然有一天，前身两臂渐渐化成翅膀，奋力一伸，飞上天空，

———
① 1 英里 =1.609344 公里。

于是天空就有了飞鸟了。

地面上的气候，一天比一天冷了。赤身裸体的爬虫，抵不住寒风的侵袭，为应付新环境，自然界就产生了哺乳类动物。哺乳类全身都有很厚很长的毛，可以御寒。它们又感到卵生之不便，把孵育的工作收回子宫里面，等到胎儿的雏形完成之后，才离开了母体。胎儿出生之后，又把它放在安全的地方，喂以母乳，教之觅食，直到长成能自往觅食为止。这时候陆地上已有了森林了。

哺乳类动物以猿猴为最聪明。它利用了两手攀登树木，剖吃果实，渐渐有了起立步行之势。

大脑渐渐地发达了，有了记忆力，就发生了情感作用；有了想象力，就发生了理智作用。结合情感与理智，便有了创作发明的力量，于是原始人竟和猴子有些不同了。他看见地上有许多石子和火石，就拣几个起来，制成种种石器，或粗或细，可以猎食，可以防身。由原始人到现在，据说已有 50 万年的光阴了。至少，在第四次冰河退走之后，第一个和现代人一样身材容貌之真人出现的时候，距今也有 25000 年了。

石器时代过去了。人类分支繁殖起来，征服了动植物，居然做了地球上唯我独尊的主人翁了。由狩猎的生活而进为渔牧的生活，而进为耕种的生活，而进为工厂机械商人大腹贾的生活了。由野人一变而为酋长，由酋长一变而为国王皇帝，由国王皇帝一变而为资本家，资本家一亡，便为劳动者的世界了。由于怕鬼怕天怕黑暗而入于神学的思想，神学不足信，乃代以玄学，玄学不足信，乃代以科学发达起来，于是火车、汽车、轮船、飞机、无线电、120 层摩天楼、电梯，一上一下，飞来飞去，时东时西，忙个不了，流线型的生活，穷极物质之奢，把地球的面皮抓得怪难受的。假使原始人复活起来，走到南

土　壤

京路上，一定目瞪口呆，东张西望，不知怎样是好，手里所存的一块石头子也忘其所用了。现代人果然厉害！

　　然而，追本还原，生物的原始，是从烂泥中出来的，地面上一切生物的繁荣，也都靠着烂泥里面食料的供给，源源不绝。人类一切的进步，科学一切的发明，也都要归功于烂泥。烂泥是一切生命创作的源泉啊。

　　烂泥就是土壤。土壤的结构，是矿物的粉粒与有机物的碎片相拌，再和以水或空气。有机物是由动植物的尸身分解而来。动植物的死亡相继不已，则有机物的供给无穷。然而矿物的粉粒有时不足。徒有有机物而无矿物，则是垃圾堆，不是土壤。徒有矿物而无有机物，则是沙滩，也不是土壤。

所以，要使土壤里面的食料不至于完尽，以维持地球的生活，一定要时时补充，时时变换。这变换和补充的职务，谁能担任呢？谁是土壤的劳动者呢？

是蚂蚁吗？是蚯蚓吗？

蚂蚁、蚯蚓，在土壤里，钻来钻去，忙的是自己的吃饭和居住的问题，不过它们奔走的结果，确有松解土壤之功，使空气得以流通，然而对于变换和补充土壤的工作，它们是丝毫没有能力的啊。

是人类的锄头么？是农人所施种的肥料么？

锄头也不过是松解土壤，肥料只是增加土壤里有机物的容量而已。

土壤的劳动者，就是我们肉眼看不见的小宝宝，叫作细菌啊。土壤细菌的生生世世，唯一的工作，唯一的使命，就是变换土壤的性质，补充土壤的原料。这等工作，除了土壤细菌而外，断非其他生物所能胜任。

大多数的土壤细菌，都盘踞在离地面 2～9 英寸深的土壤里面。入土愈深则细菌愈少，在含湿气多的土壤，两三英尺深以下，就几乎完全没有细菌了。在经人灌溉过的松软的土壤里面，到了 9 英尺深，还有细菌。每克的土壤，含有 300 万至 2 亿个细菌。有这样多的细菌在那里工作，无怪乎土壤常常都是又肥又新鲜。

自阿米巴以至于人类，自青苔绿藻以至于大树上的残花枯叶，地球上一切的生物，不死则已，死了都要归入土中。细菌见了，就围着吃，慢慢地把它们身上的复杂的蛋白质，或纤维素，一点一点地都分解下来。有的变成碳酸气，送入空气中。有的变成阿莫尼亚，又氧

蕨类植物

化成为硝酸盐，这硝酸盐就是植物的最重要的一种食料，植物的根可以从土中自由吸收。硝酸盐是土壤的宝藏，它的供给所以能源源而来者，就是靠着土壤细菌昼夜不息的工作哩。土壤细菌实是地球上最重要的劳动者，土壤的变换与补充，实是地球上最浩大的工程。

然而，在这资本主义还没有完全消灭的时代，劳动者还是被人看不起，小小的土壤细菌，能引起人类的注意吗？

1935 年 10 月 9 日

·95·

细菌学的第一课

　　《读书生活》的编者要我写一篇生活记录。我想一想，我过去生活，自己以为最值得写出来的，还是在美国芝加哥大学研究细菌学的那几年。但是若都把它记录出来，要成一部书。所以只拣出第一天上细菌学的第一课时的情景，一一追述，比较浅显而易见，使读书好像也站在课堂和实验室的门口，或踮着脚尖儿站在玻璃窗前面，望望里面，看看有什么好看，听听讲些什么，也不至于白费这一刻读书工夫罢了。关于细菌学，我已在《读书生活》第二卷第二期起，写过一篇《细菌的衣食住行》。此后仍要陆续用浅显有趣的文字，将这一门神秘奥妙的科学，化装起来，不，裸体起来。使它变成不是专家的奇货，而是大众读者的点心和补品了。细菌学的常识的确是有益于卫生的补品，不过要装潢美雅，价钱便宜，而又携带轻便，大众才能吃，才肯吃，才高兴吃，不然不是买不起，就是吃了要头痛胃痛呀！

　　立克馆在芝加哥大学，是美国最老的细菌学府，是人类和恶菌斗争的一个总参谋机关。

　　1926 年的夏天，那天我正在立克馆第七号教室，上细菌学的第一课，同班只有两个美国哥儿，两个美国小姐，一个卷发厚唇的美洲黑人，连我共 6 人。大家都怀着新奇的希望，怀着电影观众紧张的心理，心里痒痒地等候着铃声。铃声初罢，一位戴白金丝眼镜的人，穿着白色医生制服，踏着大学教授的步子进来了，手里还抱着一大包棉花。

"细菌学是一个新生的科学婴孩呀……250年以前有一位列文·虎克先生，列文·虎克先生是荷兰人呀，他顶会造显微镜，他造的显微镜比别人都好呀……巴斯德先生看见一个法国小孩子被疯狗咬了，心里很难过……柯赫先生发现了结核杆菌，德国的民众都欢天喜地，全欧洲都庆贺他，全世界都感激他……现在日本有一位野口博士亲自到非洲去，得了黄热病，就拿自己的血来试验……我们立克馆的馆长——左当博士也是一个细菌学的巨头，没有他和他的同事的努力，巴拿马运河是建不成功的呀；没有他，芝加哥的水仍会吃人的呀……"他娓娓动人地说了一大篇。

"现在我要教你们做棉花塞。"他一边解开棉花一边换一个音调

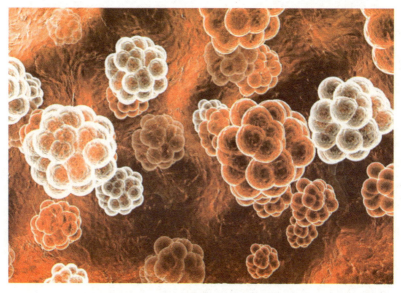

细菌图

继续说。"棉花塞虽是小技，用途很大，我们所以能寻出种种病原菌，它的功劳就不小，初学细菌学的人第一件要先学做棉花塞。原来棉花有两种：一种好比海绵，见了水就淋淋漓漓的湿作一团；一种好比油布，沾一点水不至全湿。我们要用第二种。拿一些这种不透水的棉花，捏作一丸，塞进玻璃管便可划分成内外两个世界，七分塞进里面，不松不紧，外界的细菌不得进去，内界的细菌不得出来。若把内界的细菌用热杀尽，内存的食品就永远不臭不坏。"说到这里他将棉花分给我们6个人各自练习。此时窗外热气腾腾，窗内热汗滴滴，我一面试做棉花塞，一面品味白衣教授的话。

我们每人都塞满了一篮的玻璃瓶试管了。接着他就吩咐我们每人都去领一只显微镜，再到第十四号实验室里会齐。

我刚从仪器储藏室的小柜台口领到一件沉重的暗黄色木箱子，一手提嫌太重，两手提嫌太笨，后来还是两手分工轮流着提。回到了立克馆，出了一身汗，进了第十四号实验室，看到同班人都穿了白色制服，坐在那长长的黑漆的试验桌前面，有的头在俯着看，有的手在不停地擦拭，每一位桌上都装有一个电灯和一个自来水龙头。我也穿了白衣，打开我的木箱子，取出一件黑色古董，恭恭敬敬地把它放在桌上。

这时候进来了一个矮胖子，神气不似教授，模样不似学生，也穿着白色制服，手里捧着一个铁丝篮，篮里装满了有棉花塞的玻璃试管，跟在他的后面的就是那位白衣教授。

我也不顾他们了，醉心地玩弄我的黑色古董。那黑色古董，远看有点像高射炮，近看以为是新式西洋镜。上面有一个圆形的抽筒可以升降；中间有一个方形的镜台可以前后摇摆左右转动；下面是一个铁蹄似的座脚，全身上下大大小小共有六七个镜头；看起来比西洋镜有趣多了。忽然从我的左肩背后伸过来一双毛手，两指间夹着一个有棉花塞的试管，盛着半管的黄液。

"请你抽出一点涂在玻璃片上，放在镜台上看吧。"这是白衣教授的声音，于是我就照着他所指导的法子，一步一步地去做。

"这是像一串一串的黑珠呀。"我用左眼，又用了右眼，一边看一边说。

"我看的这一种像葡萄呀。"一位鹰鼻子美国哥儿的声音。

"我所看的像钓鱼的竹竿。"黑人说。

"这有点儿像马铃薯呀。"那位金黄头发的小姐说。

"我的上帝呀！这像什么呢？"我隔壁那位戴眼镜的美国哥儿忽然立起来对我说，"密司脱高，请你看看，这一种细菌东歪西斜不是很像中国字吗？"

"这倒像你们西洋人偶尔学写中国字所写的样子哩，我们中国字是方方正正没有那么歪歪斜斜呀。"我看了一看就笑着说。

还有一位美国小姐没有作声，忽然啪嚓一声她的玻璃片碎了。于是白衣教授就走近她的位子郑重地说："我们用显微镜来观察细菌的时候，要先将那抽筒转到最下面至与玻璃片将接触为止，然后，在看的时候，慢慢地由低升高，切不可由高降低，牢记这一点道理，玻璃片就不至于破碎，镜头也不至于损坏了。"

那位小姐点着头，红着脸，默默地收拾残碎的玻璃片。

看过了细菌，白衣教授又领了我们6人出了实验室，走不到几步便闻见一阵烂肉的臭气，夹着一种厨房的气味，刚推开第十八号的一扇门，那位矮胖子又出现了，正坐在那大大长长粗粗的黑桌子旁边，左手里握着4只玻璃试管，右手的大二两指捏着长圆形的玻璃漏器下面的夹子，一捏一捏的，黄黄的肉汁，就从漏器中泻到那一只一只的

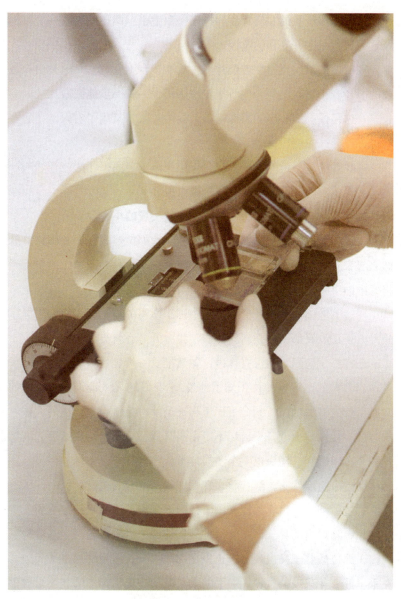

科学家用显微镜观察细菌

试管里面。他的动作很快，很纯熟，满桌满架上排着的尽是玻璃管、玻璃瓶、玻璃缸、玻璃碟，或空或满，或污或洁，大大小小，形形色色，更有那一筒一筒的圆铁筒，一篮一篮的铁丝篮，一包一包的棉花，和其他零星的物件，相伴相杂。满房里充满了肉汁和血腥的气味。

"这一个大蒸锅里面煮的是牛肉汤"，白衣教授指着另一张桌上一只大铜锅，锅底下面呼呼地烧着大煤气炉，"牛肉汤加上琼脂（琼脂是一种海草，煮化了会凝结成一块）就变成牛肉膏，再加上糖变成蜜饯牛肉膏，又甜又香又有肉味，此外还预备有牛奶、鸡蛋、牛心、羊脑、马铃薯，等等，这些都是上等补品。我们天天请客，请的是各处来的细菌，细菌吃得又胖又美，就可以供我们玩弄，供我们试验了……"

他没有说完，在他背后那个角落上，我又发现了一个新奇庞大长圆形横卧在铁架上的黄铁筒，仿佛像火车头一般，上面没有那突出的烟筒和汽笛，但有一个气压表、一个寒暑针、一个放气管插在上面，筒口有圆圆的门盖，半开半闭，里面露出一只装满了玻璃试管的铁丝篮。后来他告诉我们这是"热压杀菌器"，用高压力的蒸汽去杀尽细菌。

他推开后面那一扇门，让我们一个个踏进去。不得了，这里有动物的臭气腥味冲进鼻子里。一阵猫的尿气、一阵老鼠的屎味、一阵兔毛拌干草的气味，若不是还有一阵臭药水的味，鼻子就要不通气了。这里有更多更大的铁丝篮，整齐地分列两旁，一层一层、一格一格地排着，每篮都有号数。篮中的动物看见我们走近，兔子就缩头缩耳地往后退却，猴儿就张着眼睛上下眺望，猫儿就伸出爪，小白老鼠东窜西窜，还有那些半像猪半像鼠的天竺鼠正吃萝卜不睬我们哩。

"这些动物都是人类的功臣"，那教授又扬起声音说了，"代我们病，代我们死，病菌生活的原理，都是用它们来查的啊。我们天天忙着，不是山羊抽血，就是豚鼠打针，不是老鼠毒杀，就是兔子病死，不是猫儿开刀，就是猴子灌药，手段未免过辣，成效却非常伟大，现代医学的进步不知牺牲了多少这些小畜生啊！……"

他说完了，又引我们看了后面的羊场。一只大母羊三只小山羊见了我们拔腿就跑。

出来我们又参观了冰箱和暖室，他又指示我们每人的仪器柜和衣服柜，我们就把木箱子的古董锁在仪器柜里面，脱了白衣锁在衣服柜里面。此时，开始时的臭味腥气都被新奇的幻想所冲散了。

出了立克馆就是爱丽斯街，街上来来往往都是高鼻子的男女学生，唱着歌儿，呼着哈罗，说说笑笑，嘻嘻哈哈的，夹着书本，迈着大步走。我也夹杂在其间，心里在微微地笑，一步一步都欣然自得，像哥伦布发现了新大陆。

大王和蚂蚁的斗争

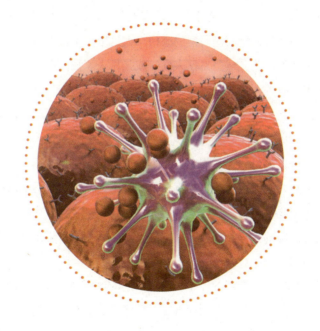

病的面面观

　　病是中国人的家常便饭，西洋人的午后茶点，司空见惯了，它的辛酸苦辣，没有谁不知道哩。有许多人听了病这一字，不免愁眉皱额，叹一两口气，滴几滴同情的眼泪。在这个讲不得卫生的年头儿，谁没有过病的经验，或是见家人病，或是见人家病，或是自己倒在床上起不来。有的人一身都是病，一旦传染流行起来，一家、一村、一市、一国，甚至于全地球都要被它踏遍了，还不肯于短时间内退兵，真是愈说愈厉害了。

　　病之来也如风如迅雷闪电，猝不及防，出人不意，然亦有时得之于有意无意之间。病之去也如五月间的梅雨，留下许多污泥水印。病有呻吟唉呵之声、枯黄惨白之色、脓臭汗药之味、憔悴瘦削之容，充满了疲意沉闷的空气。病虽与生同居，却与死为邻，思至此，不禁为之提心吊胆。

　　然而普通人只有病的经验，说不出病的道理来，不知病的起源，病的趋向，病从何方来？到何方去？前一刻还没有病，怎么这一刻就病了？从哪一分哪一秒病起？哪一分哪一秒病止？人怎么样才算病？病怎么样才算好？好人和病人究竟有什么区别？病重者易见，病轻者难辨，病有时看不出，验不出，有时说不出，有时不愿说出，不便说出，不敢说出，人不是时时刻刻都有病的危险吗？好了又病，病了又好，病都病了，也都好了，还有不免一死，一死而了，做人真难做，病到底怎样讲，也应当有一个界限，有个标准，有个分寸，病到底是什么定义呢？真是使一般人听了，摸头摸脑摸不着，没奈何。

因为病轻者难辨，于是病可以假。记得做中学生的时候，欲请假无由，假病为由。校医验病，一向只看热度及脉跳。假病的惯例，先吃一碗辣酱面，再去大操场快跑一圈，即到医院。校医验罢，一声不响，准假单立挥而就。

因为病有时看不出，于是病又可以假了。观乎报上所载各种要人

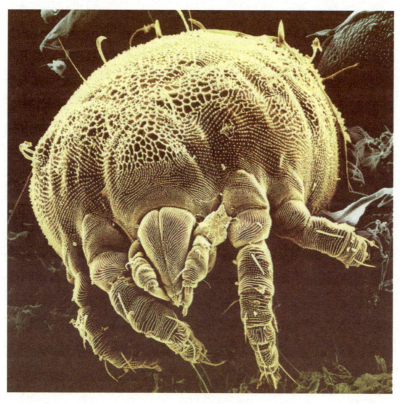

微观螨

的病，时而来沪就医，时而上莫干山，时而迁青岛，时而飞庐山，凡不能了不易了的公事，均以一病了之。病则辞职有词，免职亦有间。要人诚多病，病多看不出。

因为病有时验不出，所以医生可以说病人并无病，是神经作用，是心理虚构。我曾在某医院住了半年，半年之中，看见不少病人，而最奇怪的病，莫如一种似病非病，无病的病人。医生天天说他无病，他天天在医生面前摸头弄手，指口画心，一五一十，诉他的病。医生终于无法验出他的病，他也终于无法，垂头丧气，出院去了。

妇人的病，多说不出，多不便说出。身有暗疾，或犯性神经衰弱，及一切不漂亮的病，则不愿说出。若不幸而得花红柳绿的病，则更不敢说。面子要紧，病在其次，所以这些病都不肯直说了。

病居然也有贵贱善恶之分。达官贵人的病，总是公事太忙，操劳过度。小工穷人的病，总是前生恶报，自作自受。

娇生惯养的公子哥儿小姐少奶奶，经不起风吹雨滴太阳晒，出不得门，走不得远路，爬不上高山，穿衣吃饭都须人扶持服侍。这些人虽无病，而他们的做作架子有甚于病人，可以称作有病意的好人了。

17世纪时代，法国大文豪伏尔泰，一生为病魔所缠，而他不断地努力、挣扎、奋斗，活到了84岁，所遗留下来的作品之多，恐怕除了歌德之外，没有人敢比了。19世纪，苏格兰的著作家斯蒂文生，是一位长期的肺痨病者，而他的《宝岛》及其他小说等，就是在病中作的，至今仍脍炙人口。这两位先生，又是虽病不病的病人了。

病与好之别在旁观者看来是一样，在病人自己看来又是一样。

在病人，自然觉得，病的时期是多么苦痛，好的时期是多么清爽。心与身是相互联系的。伤风生病，伤心也会生病。而且病的轻重，随着心境而变化，心境的悲乐也随着病而变化，时而希望，时而失望，时而绝望。绝望之为虚妄正与希望同。然而这是旁人不关痛痒的话。病人的苦心，又岂无病的人所能知，有几个人大病在身，能神色不变，怡然自得呢？果而，则是天人，与自然同化。

　　在医生，靠他课堂上所闻、书本上所见、实验室所做，及临床所记录，等等，综合而得来的学识，于是一个一个排在病房中，或坐在门诊间里面，各种各色的病人，都是他动口动手试验的试验品了。这个人的病状报告及诊视结果，再佐以痰血屎尿的检查，假如和他记忆中的某种理想的病象相符合，就没有问题了。万一遇到一种记忆里模糊，或记忆里没有过的病症，一时脑子里忙乱起来，于是寻参考书，请大医生，或用好言来对付敷衍病人，心里也就平静了。至于病人的进展，病的去向，管不着；病人的经济能力，病人的家境，病人心中

结核分枝杆菌

的苦痛，更不喜多问了。病是什么？病是医生的生意，病人是医院的商品，病是一种学问，医生是商人而兼学者，有时还能做官呵。医生与病人真正的关系，七分在钱，二分在学问，或有一分在治病。

以病人为商品，为试验品，这不过是一般医生的眼光，医生的心理。以病的大事，完全托付于一两个年轻、唯利是图的医生，不啻以生命来作赌物，医生有时承担不起这种输赢的责任啊！那么，怎么办呢？病是什么？人为什么病？病到底是怎样解说呢？

我们且看病的内容，病的枝叶花果，然后寻出它的根由。

人身上下内外，自头皮以至于脚趾，自心内膜以至于皮肤，没有一块肉，不可以病。有限于局部，有遍于全身。举凡消化、呼吸、排泄、血液、血管、心房、内分泌腺、神经、肌肉、骨骼等各系统各器官，皆有发炎、破裂、溃烂、硬化、变态诸危险。

人身无时无刻不在环境包围攻击之中。夏日热要中暑，北风冷要受寒。登高山有山病，潜海底有水病。既晕车，又晕船。煤毒，金毒，砒毒，酒、烟、鸦片、吗啡种种毒物，牛腊肠罐头，有时也含毒质，都可以致病。营养不足会病，新陈代谢失调也会病。真是病不可胜病。这些病还是自己走上门来，没有别个主使，没有别个来侵害哩。

生物界中，各级分子，到处抢食。有的爬近人类身旁，人肉也香也中吃，索性咬他一口。这一咬，人不是伤就是病，或是死。不死，就要反攻复仇了。然而有时是人把它吞下去了，它没有闷死，于是就将计就计，在肚子里反攻复仇。结局，谁死谁活，要看谁的手段高，或竟两下协调，这一辈子可以相安无事了。

老虎咬人，只须一口，生与死直接交代，没有病在中间，所以老虎之咬，是死的因，不成病的因了。

疯狗咬人，不是狗要吃人，是狗口涎里的微生物要吃人，所以狗不过是病的桥梁。那微生物是病的坦克车了。

毒蛇咬人，人吃毒鱼，蛇和鱼不是病因，而它们所分泌的毒，却是病因了。

臭虫、蚊子、鼠蚤咬人，它们只贪吃一点儿人血罢了，却都不是病因。但是它们有时包藏祸心，变成为传染病的轰炸机，所投下的炸弹，都是极凶狠的微生物，而演成黑热病、疟疾及鼠疫的惨变。这些微生物才是病的元凶，病的主犯。

微生物未必皆害人生病，然而由外界侵入的病，则必由于一种微生物作祟。

微生物是肉眼看不见的生物。因为看不见，所以容易混入人体，而人不知，这是侵害人体内部的第一条资格。若是苍蝇冲进口里，蚂蚁爬入鼻孔，早已没命了。

微生物种类甚繁，分布甚广，其害人者，多寄生于人畜及昆虫体内，所以又名寄生物。在多细胞动物中，有蛭，有带虫，有线虫，有疥虫诸类；在单细胞动物中，有变形虫，有疟虫，有鞭毛虫，有纤毛虫，有螺旋虫诸类；在单细胞植物中，有丝菌，有线菌，有酵母菌，有球菌，有杆菌，有螺旋菌诸类，统曰细菌。此外还有一类最小的生物，小到连显微镜都看不见，科学的名词，叫作"滤过性病毒"，天花、麻疹、疯狗咬病（狂犬病），等等，就是它们所下的毒手。这些怪姓怪名的生物，不过先请出来见一见，以后当有再谈的机会。

这些微生物，有一个侵入人体，去吃人的细胞，病就开始，拼了一个你死我活。它不退尽杀尽，病不能好，或竟双方实行共同生活，病也就无形之中去了。

1935 年 10 月 19 日　上海

寄给肺痨病贫苦大众的一封信

　　肺痨病是人人都有的。从前德国有一句老话，说："每一个人在他生命结束的那天，都得了一点儿肺痨病。"这句老话是有根据的。因为不论得哪一种病而死的人，就是没有病而死的人，经过了解剖，在他们的肺尖肺叶上，都发现了结核的斑痕，不过有好些人，营养充足，抵抗力强盛，虽得了肺痨，不至于发作罢了。肺痨病实是人类共同的负担，不单是你们私有的问题，人类个个都要愁着这个问题才是，请你们不必单独地过于自愁啊！自愁徒加重了自己的痛苦，加重了自己的病症。我们要大家合力愁，才能愁出一个办法来。

　　大家愁，怎样愁法，有钱的人代没钱的人愁，无病的人代有病的人愁，医生代病家愁，政府代人民愁，这些都是慷慨而有办法的愁。然而，在这个自私自利的现代社会里，这些话都等于空想，应当代愁的人，不仅不代人愁，反而加重了人的愁，还有什么话讲。终于是苦了你们经不得多愁的人，既愁病，又愁穷，愁上添愁，愈愁愈病，愈病愈穷，苍天苍天，太迫人了。在这个呼天不应呼人不顾的时候，我们到底还有一口呼吸，在我们就应当继续着挣扎，贫病到极点，而还能付之一笑，才是做人做出真味来。

　　你们先要知道，肺痨病的发作是可以避免的。现在欧美科学先进的国家，肺痨病的死亡率，都已减低了。他们防痨的办法，有四条政策：

第一条，改良人民的生活，使他们的住所有充足的阳光，充足的新鲜空气；使他们的饮食有充足的滋养料；使他们有清洁的习惯，使他们工作的情形，不过于劳苦，合于卫生。

第二条，教育人民，灌输卫生的常识，劝告和禁止他们不可随地吐痰，少饮酒，不可很多人聚在一个小小黑暗房间里面。此外对于母亲和婴孩的健康，更要特别注意。

第三条，将病人隔离，另外好好地服侍；病重的人，送到医院里去疗养。

第四条，病人早期治疗。一旦发现有肺痨病，立刻就送往医院检查，立刻就施以治疗，不稍拖延，不肯姑息，这样地，肺痨病就好得快，好得完全。

这四条，差不多都要有钱的国家，有钱的人民，才能办得到。像我们这个穷国，这个大肺痨病国，连国家和人民的经济，也都得了极深的肺痨病，国民生计且恐慌到极点，又哪里有钱来讲病计呢？检查要钱，治疗要钱，请医生要钱，住医院要钱，甚至于没有钱买不到好空气、好日光、好食物哩。真的，没有钱的人就任他们一边饿一边病，坐以待毙吗？

然而，有一件很要紧的事，可免肺痨病的传播，是一件不需钱而办得到的事，而且在你们掌握之中，就是不要吐痰，不要随地吐痰。痰固然是非卖品，不吐痰也不必花钱，不会蚀本，而吐痰恐怕被巡捕警察看见还要罚金啦。随地吐痰等于放火杀人，是一件很危险的事呀。现在再给你们讲不要吐痰的理由。

肺痨病是由于一种略带弯曲的杆形细菌，侵略人体肺脏所发生的结果。这种病菌就叫作结核杆菌。它们散布的地方很广，而以人烟稠密之处尤为多。它们传染的来路有两条。一路是从痨病牛的奶来的，我们没有钱吃牛奶的人不去管它。一路就是从肺痨病人的痰来的。从前有一位美国细菌学家曾用试验来估计过，在每 24 小时之内，一个肺痨病颇深的人，口里所放出的结核杆菌，共有 15 万万到 40 亿。肺病的痰和灰尘相伴，等到干了，随风飞扬，到处传染。于是马路上，弄堂里，电车火车上，戏院菜馆里，一切公共的场所，都有了这些结核杆菌的灰尘。回来的时候，便不知不觉地，把这些痨病菌存在衣边鞋底，带到家里。真是一痰之微，不知害人多少呀。

不吐痰可以制止肺痨病的传播，是铁一样的事实呀。你们不随地吐痰，至少可以救你们的家人、亲戚、朋友、邻居，免他们有得肺痨病的危险啦。中国人能个个革除吐痰的恶习惯，肺痨病就可以大大地

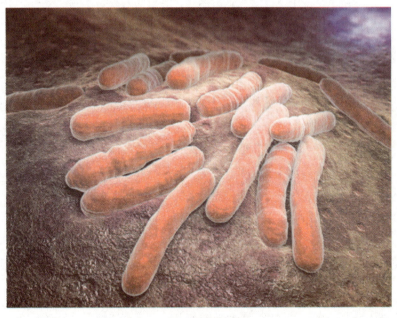

结核分枝杆菌

减少，病的负担一除，穷的负担也可以减轻，民族的康健复兴，国民的经济能力增进，一切救病济穷的事业也可以发达起来，贫病之人因此也就有了生路了。病的人日多，治生产的人日少，一家子的人若都病倒了，连借钱买药的人都没有了，反之，大多数的人不病，少数的病人就容易救济了。然而现在的中国，大多数的人都穷都病了，少数的人还在那里吃病人穷人的汗血，甚至于痰。罗马之亡，亡于疟疾，中国若亡，恐怕还是亡于肺痨病，更简单地说，亡于痰。

现在中国的人民，已骨瘦如柴，不能再瘦了，中国的版图也一天一天地瘦了，肺瘦的病象日深一日。医生是请不起的，请得起的医生，也是半知半解，不痛不痒地说几句话，敷衍了事。疗养院更不必说，补药又买不起，自杀太费事了，太示弱了，安眠药也须钱买，跳黄浦水又太冷。真是欲死不能，欲生不得。怎么办呢？还是挣扎吧！挣扎，这两字多么有力量，多么神圣，是贫穷人民、贫穷国家最后的武器。不顾死活地挣扎，是今日中国人唯一的办法。虽然，挣扎，不要糊里糊涂地挣扎，不要得过且过地挣扎，要合理地挣扎，要合力地挣扎，要有智识和有计划一步一步地挣扎。尽自己的能力治病，好一点儿是一点儿，有一点儿钱就吃一点儿补药，增加身体的抵抗力。

第一着，先要认清，肺痨病不是绝对没有希望好的。有很多人，受了肺痨病的传染，从来没有发作过。有的人得了肺痨病，未经治疗，自己调养，自然地好了。有许多人，经过早期的治疗，都完全好了。这一想，就可以减了三分愁，病也轻了三分。

第二着，要胃好，要保护你们的胃的消化力，少饮酒，少吸烟，少吃有刺激性的东西，食有定时，不可随时乱吃生冷的东西，有一点儿钱，省一点儿钱，都拿来买滋养品吃。滋养品中以鸡蛋比较便宜，不妨多吃几颗鸡蛋，顶好吃生鸡蛋。肺痨病的治疗在于滋养。国家的

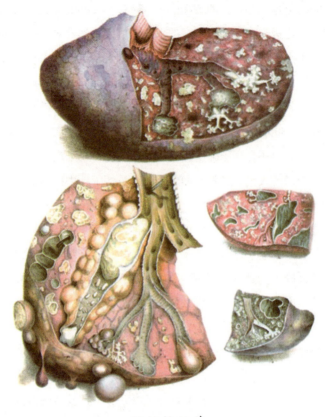

肺结核结节

肺痨病亦然。滋养就等于民生问题，救国要先注重民生。民不聊生，就是全国皆兵，也都是饿兵。全国军事训练，全国的钱都拿去买飞机大炮，然而饿肚皮是走不动的啊，又怎能拿得起枪来。反之，民众吃得饱饱，个个都有力气，就是肺痨菌要吃我们也吃不动的啊。民众团结的力量比任何军队都厉害啊。

第三着，要尽量地吸收新鲜的空气。空气能澄清污血，新鲜的空气一到了肺，就能把一切醒醒的血液一概氧化、一概洗净，而不新鲜的空气，反而增加了肺的负担，妨碍了肺的功用。所以得了肺痨病的人，千万不可在黑暗而多人的房间里过日子，要到户外、野外去生活，要睡在天空之下，空旷的地方。就是不得已而须在屋子里睡，也须把窗门大大地打开，使空气流通。在夏天，至少要在户外 12 小时，在冬天也须有 6 小时或 8 小时在户外。澄清污吏和澄清污血是一样的要紧。国家的积垢存污也须用新的风气来扫清。要除尽一切贪官污吏，国家的肺痨病才有转机。

第四着，要实行日光浴。终年住在户内的人，不见日光，不知日光好。日光对于人体有四种好处。哪四种？皮肤增强，滋养激进，血液加浓，神经补益。此外日光还是我们杀菌的武器，消灭痨菌势力的军备。不过，要小心地训练，渐渐地把身体一部分一部分地露在日光下晒。不可一味蛮干，不然不但无益，反而有害。正如国家的军队一样，若不匡以大义，教以正理，则不敢抵敌，反打自己的人。

存着希望的心理，积极滋养以恢复元气，呼吸新鲜的空气以洗清内部的污浊，最后，实行日光浴，整顿军备，一鼓破敌。肺痨病的大众，都望着这一条生路努力挣扎吧！挣扎！

鼠疫来了

傍晚时分，身倚着近厨房那一扇古褐色破旧的后门，闲看门外的风光人物。看见弄堂东口一对黄脸小儿，一个矮小，一个圆胖。那矮小的抢去了圆胖的一块大烧饼，打他一拳，踢他一脚，又想夺他手里一包口香糖。那圆胖的身体虚弱，周转不灵，两条鼻涕，显出伤风的样子，初犹怒目切齿，意图抵抗，后见矮小的背后露出一条短棒，又见路旁其他小孩目光灼灼，都要想分他的糖，就在他挣扎的面孔上，装出诌媚的苦笑，向矮小的黄脸小儿讨好。

同时，在弄堂的西口，一个黑脸小儿也被一个白脸小儿欺侮了，但是黑脸小儿并不示弱，摩拳擦掌，准备厮打，有许多邻舍小孩都围着看热闹。有的拍手叫好，有的假意出来解劝，暗中输眉送目，有的静观不动，有的站得远远地，唯恐误伤。

正看得眼红手热，忽然一阵冷风扑面而来，我打了一个寒噤，瞥见阴沟里有一只死老鼠，不禁毛发悚然，心中记起一件事。霎时间，黑云密布，阴雨凄凄，天昏地暗，似闻哀呼呜咽之声自远而来。云梢的东北角，隐约现出无数贫民窟里的冤魂，如泣如诉。

冤魂甲说："我正在河边淘米，忽然一阵头痛腰酸，全身肿硬，坐立不安，精神萎靡，接着便发烧，发烧至第四日，热度稍退。谁知一会儿，热度又升，发烧更甚，舌头焦黑，就此一命呜呼。"

冤魂乙说："我也是这样地死的。我全身淋巴腺发肿更厉害，流出臭秽难当的脓液。"

冤魂丙说："我全身发出瘀瘢瘀点，口里流血。"

冤魂丁说："我全身突然发炎，血管破裂，流血极多，不到三日即死，死时皮肤出现瘢点。"

冤魂戊说："我正在煮菜，忽然觉得身体发热，气喘、咳嗽不止，胸痛心跳，痰有血块，全身青肿，病了二日，气绝身死。"

惨哉，这些都是鼠疫的冤魂，鼠疫的病状！

鼠疫是人类最大的仇敌。人类几乎被它灭亡了好几次。而今还是人类生命安全的隐忧。

在人类开始之后，距今约有 12000 年以前，不列颠三岛及欧洲中部，历几世纪，绝无人迹。历史学家疑其为鼠疫所下的毒手，也有点可以相信。

东方鼠跳蚤

《旧约》里也载有鼠疫的故事。以色列民族和非利士民族打仗，被非利士抢去一只"上帝的柜子"，不知这柜子里藏些什么东西。一到了那边，非利士人就像白昼见鬼，死亡相继，鼠疫大盛。

自有史以来，在耶稣基督诞生之前，地球上曾发生过 41 次鼠疫。在基督诞生之后，后 1500 年中，共发生过鼠疫 109 次。由 1500 年到 1730 年，鼠疫蔓延至全世界者，凡 45 次。在 18 及 19 两个世纪中，比较寂静下去，然亦未尝不有鼠疫，不过只限于亚洲各地方局部而已。在前世纪的末了几年，鼠疫的恐怖，又大流行起来了。在 1894 年，鼠疫在香港爆发，占据了全岛。在 1896 年，进攻印度、日本、土耳其及欧俄。次年又侵略马达加斯加及摩利西亚两大岛（在印度洋中）。在 1899 年，征灭了阿拉伯、波斯、英属南洋群岛、澳大利亚、葡萄牙、英属南非、埃及、法属象牙海岸（在西非洲）、葡属非洲、阿根廷、巴西、乌拉圭及夏威夷群岛。在 1900年，鼠疫的余威，波及英国海口、美国西海岸及澳洲。其中受祸最烈者，要算是印度了。印度 1898～1918 年，20 年间，死于鼠疫者，在 1025 万人以上。

我们中国的鼠疫，自然不会怎么轻，但是一部二十五史几乎全是帝王将相的家谱，民间疾苦，何足轻重。医学的进步，早已停滞，成为秘传，所有流行病，统称瘟疫，由瘟神主宰，哪里有一支闲笔，来记载鼠疫，描写鼠疫，何况统计。虽然，在 2 世纪末，后汉将亡的时代，在欧洲、罗马帝国被鼠疫缠绕了 1 个世纪之久，据说，在中国，也有 11 年鼠疫之祸，这也是汉末所以纷乱的大原因吧。而在 14 世纪中，黑死病的惨祸正在糜烂全欧的时候，中国人之死于鼠疫者亦达 1300 万人。在 1900～1911 年，东三省及华北一带，鼠疫猖獗，两年之中，死去了 6 万人。1917～1918 年，内蒙古及中国北部，又被鼠疫

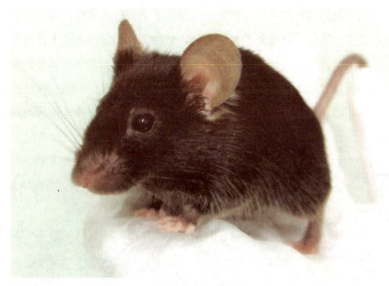

老 鼠

抓去了16000人。这些惊人的死亡数目，不过鼠疫冤魂的总额中一小部分而已。

14世纪的鼠疫、黑死病，穷凶极恶的鼠疫，充满恐怖的黑死病，是世界史上最惨痛的一页，像倾倒了墨水瓶，涂尽了人类的历史，悲风惨惨，阴雨凄凄，臭尸满野，白骨如山，绝人类的烟火，变地球为荒凉，噫，鼠虱鼠菌，一旦群起肆威，真是比一切水灾、旱灾、地震、兵祸及一切疾病的总和都厉害啊！当1348年，鼠疫到了英国，牛津大学的学生死去了2/3，英国全境人民，死者将近满半数；伦敦城内一所公墓，有50000积尸，乡村教堂，教士神父，死过其半，工厂停工，田舍荒芜，牛羊四走，路无行人；热闹街市，静若死城；英国如是，其他各地也大都如此；黑死黑死，惨不忍语。

　　鼠疫既是这样的可怕，谁是鼠疫的凶手呢？既名鼠疫，当然与老鼠有关了。鼠疫固然本是老鼠的疫病，然而老鼠未曾咬人，未曾爬到人的身上，未曾当人面前咳嗽，又未曾被人煮了当小菜吃，就是黑夜出来，偷偷摸摸地咬咬衣服，啮啮箱子，然一见光明，一闻人声，或猫儿的叫喊，早已蹿进地缝地穴里去了，又怎样会把它的病传给人，

埋葬鼠疫死者

并且传染得这么快，这么狠呢？真是一个谜。

　　这个谜终于在 1894～1903 年被德国、法国及日本的细菌学家打破了。原来鼠疫的蔓延，是由于两种小生物，朋比为奸，一种是鼠虱，一种是鼠菌。

　　鼠虱是扁身善跳，没有翅膀的小昆虫，寄生于老鼠身上，在毛孔毛缝里跳来跳去。老鼠窜到哪里，它也跟着到处观光。老鼠病了，它吸收鼠血中的病菌，存在肚子里。老鼠死了，它弃了鼠尸，去投奔新鼠。找不到新鼠，肚子饿慌了，遇到了一个走倒运的人，乘其不觉狠命地咬他一口，吮了他的血，还不甘心，硬要把病菌输进他淋巴腺里去，于是鼠疫来了。

　　鼠菌，一名"鼠疫杆菌"，是鼠疫的病菌，鼠疫的元凶。肉眼看不见，在显微镜下，现出无数鸭蛋儿的小脸，两端有假芽孢。它说老鼠是它的殖民地，因此不宣而战，猛攻老鼠，鼠血里的白血球。战它不过，老鼠阵亡，满身尽是鼠菌的军队，然而若没有鼠虱，做它的间谍，做它的桥梁，它想侵略其余的老鼠，和人类要到月球火星一样难，又安敢想吃人类的天鹅肉呀？又何至于蔓延到全地球哪？所以要防鼠疫，必灭鼠菌，要灭鼠菌，必除鼠虱，要除鼠虱，又不能顾全老鼠了。唉，老鼠真是可怜！

　　可怕得很，狡猾的鼠菌，还有第二道阵线。这鼠菌，细菌中的魔王，一旦吃到人肉，觉得肺叶肺瓣，又香又脆，最是可口，于是移动其军队，集中于肺，而病人的说话咳嗽，便有直接传染鼠疫的危险了，无怪乎肺鼠疫一发，不可遏止，人烟稠密之处，贫民窟里，蔓延更甚也。所以预防之道又不得不隔离病人，迁徙良民，而现在最新的方法，就是普遍地施种鼠疫的免疫苗了。

　　恐怖的鼠疫，小则地方遭殃，大则历史变色，再大则人类灭亡。

然而鼠疫不是绝对不可以抵抗的啊！就是不能抵抗，也要拼命地抵抗啊。

人类的孩子们，还不起来！用你们的头脑、用你们的双手、用你们的科学，来消灭鼠疫，不可用科学自相残杀，为鼠菌鼠虱所笑。

人类的孩子们，起来吧！鼠疫来了！黑的、白的、黄的。孩子们，不要吵嘴，不要打架，大家合力，把这只阴沟里的死老鼠移去，点起火来，把它烧成灰罢！

1935 年 10 月 5 日　上海

儿童之敌

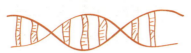

北风起了，天气冷了，满地舞着枯叶黄沙，鸟儿飞离了南方的老巢，虫儿也无声地散归了它们的故乡，只剩下了一两只迷途的蚊子，在屋的黑暗角落里，无力地颠扑。这时候，霍乱、伤寒、疟疾的繁荣，都成为陈迹了，唯有天花、白喉，蠢然思动。

天花与白喉，同为人类的大仇，尤其是儿童的恶敌。

天花我们已经听熟了。白喉的宣传，还未普及。请先谈谈白喉。

记得我在 6 岁那一年冬天，曾得过一场大病，几乎失却了性命。

是喉咙的病。初起时，喉间痒痒燥燥，食物隔隔难咽。张开喉咙，给母亲一看，听说有些红肿了。

过了两天，喉里益发难过，同时身体也发烧了，背部脊部作酸作痛，口中咳出丝丝的黏液，于是就偎在被窝里不起来了。

再把喉咙给母亲看时，那块隆起的部分，叫作"扁桃腺"，上面添上了一层灰白色的薄膜了，顽固地刮也刮不去。

母亲着慌了。前年我的弟弟登就是这样地现出白膜，不到几天而死去的。邱七爷那老郎中说："这是白喉，一种危险的时症，很难治好的啊。"

是药石之功吗？是调养得宜吗？是自己的血液强盛，抵抗力充足吗？我的病究竟是好了，一直活到现在。抚今追昔，依稀记得药味之苦。

白喉是怎样发生，怎样转变，怎样会好呢？

在昔日，连医生也不知道。至今中医也多还没有讨问个明白，但知白喉病厉害、难治，说不出它的病源、它的发展过程、它的究竟。扁桃腺上突如其来的那一层凶恶的白膜，是什么东西织成的呢？从哪里来的呢？怎么就会杀人呢？

在今日，科学已完全战胜了白喉，白喉是现代医学者知道得最为详尽，而且最有办法克服的一种传染病。不过，这关于白喉的常识，实是现在大众所急切需要，尤其是做青年父母与小学教师者，而仍未为大众所普知。

今日的儿童，若死于白喉，是儿童之冤，父母、教师、医生之罪了。

凶恶的白喉，是喜欢吃又嫩又弱的小孩生命。在1周岁以内的婴儿，犹沾润着母体的血液，先天的抵抗力未衰，还没有多大的危险。2岁以上，至5岁，才是最危险的时期；5岁至10岁，是次危险的时期；10岁至15岁，这危险就减少了；15岁至20岁，这危险更少了；20岁以后，得白喉病者，实在是很少见的事啊。

所以，在一个集团生活之中，有很多10岁以内的小

1962年英国的白喉免疫广告

孩子，那白喉就传染得快了。尤以小学堂为最。白喉一到了小学堂，往往流连至几个月，甚至几年，不肯走开。小学生，在一处读、一处吃、一处玩，时时扭在一起，白喉一来，很容易的，一把抓去了几个、十几个、几十个不定。所以白喉有时可以叫作小学堂的贼，专偷小学生的健康与生命。

虽然，老年人并非不会得这一种病。美国第一任大总统乔治·华盛顿，活到了67岁，就是病死于白喉的毒手哩。可惜当时医生，对于白喉的治疗，还是束手无策。

白喉一旦流行起来，也是如快刀一般，杀人如麻。在1923年，它在英国行凶，一年之间，杀死了2722人。

白喉怕热，所以在热带的地方，不敢横行。它爱干燥的天气，当晚秋初冬的时节，它就抛头露面，来到人间了。在伦敦，10～11月之间，白喉最为盛行。在美国，以11月至次年1月为最盛。在我们不卫生的中国，恐怕白喉还要早来晚去吧。

白喉怎样来的呢？

白喉随人随地都可据为巢穴，随物随器都可占为营房，它的攻人共分七路。

第一路，是由人带给人的。谈话、喷嚏、咳嗽、握手之时，都很容易传来传去。医生看护，若不极端小心，还有受病人的传染而丧生者。

第二路，是由病人的用具而传染的。白喉常伏于病人的杯碗、筷子、脸巾、脸盆、枕头、床被上，经数月而不死。

第三路，非真性白喉的病人，如鼻膜发炎、扁桃腺发炎及耳漏这类的病人所流出吐出又臭又秽的东西，里面常藏有白喉的病菌，到处散布。

　　第四路，有一种人，叫作带菌人，明明没有病，而喉咙里却伏有白喉的病菌。这种人为白喉所利用，自己病不倒，别人冷不及防，被他放病菌的暗箭射倒了。

　　第五路，普通的儿童，都喜欢将随便拿来的东西，往口里乱塞，而小学生更喜欢拿糖饼相赠，把铅笔纸张互换，白喉就是这样悄悄地在儿童身上跑来跑去呀！

　　第六路，是从没有消毒好的牛奶来的。母牛的奶头上，检查时，常常发现白喉的病菌。

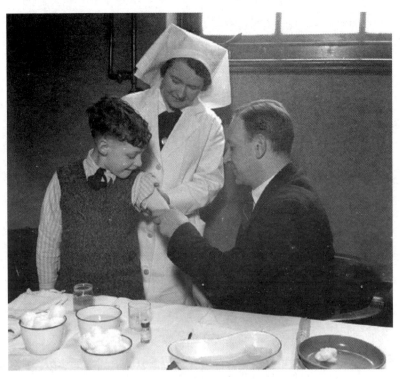

1941年英国的白喉免疫计划

第七路，是直接由动物传染而来的。动物中如马、兔子、天竺鼠等，都容易得白喉病，而小老鼠、家鼠等，整天整夜在又黑又脏的地穴里，东窜西窜，对于白喉，反而有极大的抵抗力。

这些关于白喉行踪的消息，是怎样探听来的呢？白喉攻人的战略，是怎样泄露出来的呢？后来，我们人类又怎样发明了抵抗白喉的利器的呢？

人类和白喉斗争的胜利，要归功于下列五员大将：

第一员大将，克勒孛，德国的医学者，在1883年，首先看见了白喉的凶手，但没有把它抓到，被它一溜烟儿地逃走了。

第二员大将，吕弗来，也是德国的医学者，在1884年，马到成功，把克勒孛所见的白喉凶手擒获了，把它囚于一只冷冰冰的玻璃管里面，以供后人的对证。

吕弗来是柯赫教授最得意的门生。当时欧洲白喉症流行得很凶，各处儿童病院里，充满了小儿咳嗽与呻吟的哭声。一个个白色小枕头上，露出更惨白的小脸孔。医生摸头摸脑地，从一排一排的小病床走过，束手无策。那时，柯赫先生正忙着在显微镜下，细看"结核杆菌"，不能分身再去研究白喉，就派吕弗来到病院里走一趟。

于是吕弗来天天伏在病院的尸房里，检查小儿尸身的喉咙。他从那些没有一丝生气的喉咙里，用烧红过的"白金丝"，挑出一点儿一点儿灰色的臭东西。有的将它存入小玻璃管内，封以棉花塞，有的将它涂于玻璃片上，染以色料，放在显微镜下看。这一看，看见了好些怪状的细菌，多是头小尾胖小棒子似的身躯，身上现出美丽的蓝色小点，或蓝色条纹，或全身皆蓝。有的会分枝，仿佛像西洋字的L和V，一看，尤像中国字写得不齐整，东歪西斜。

差不多在每一个死儿的喉咙里，他都发现了这样的怪细菌。于是

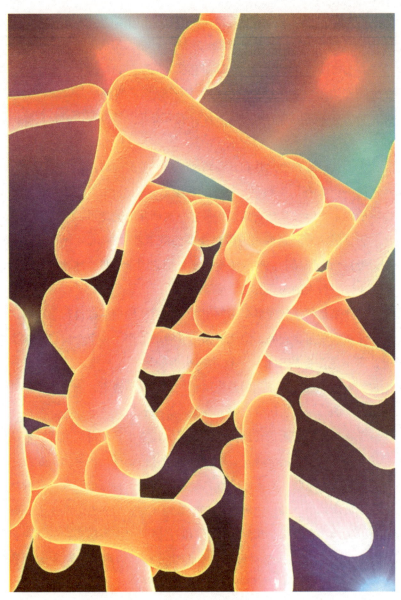

白喉杆菌

他就赶紧拿回去给柯赫先生看。

柯赫先生看罢，庄严而诚挚地，拍着吕弗来的右肩说：

"不要慌，不要忙，不要仓促地就下了结论。你还要把它养活起来，不要使别种细菌，杂在里面。你还要把纯粹的这一种，注射入各种动物体内。如果那些动物，也得了和人一样的白喉病状，那就……"

吕弗来再跑到尸房里，又费去了一百多张的玻璃片，刮遍了一个个小儿的尸身，但他只能于小喉咙里寻出那怪细菌，尸身的别的部位，都寻不见。

"怎么这样稀少的细菌，高坐在喉咙上面，就会那么快地杀死一个小孩呢？但是柯教授既然这般吩咐，我就依他的话行事吧。"吕弗来想了一会儿，就把在玻璃管里养活的那些纯粹的怪细菌，注射入兔子的气管中及天竺鼠的皮下，静观其变。

果然，不到两三天，那些兔子和天竺鼠，都和得白喉病的小儿一样，硬生生地死了。但是那吕弗来，曾在那些动物身上，注射了几百万怪细菌进去，后来也只有在原有注射的部位，稀稀地寻出几个，其余的身上，都寻不着。

"这些稀少的细菌，在身上一个小角落里伏着，怎么会杀死比它们大了 100 万倍的动物呢？"吕弗来又这样想了一会儿。

但他的试验，是极其精细准确，一分一毫，都没有草率附会，那些动物分明是死了。他那新发现的怪细菌，就是白喉病的主因吗？他还犹豫不肯立下断言。

他坐下来，写成了一篇恭谨而严密的报告书，将对于这问题的正反理由，一一列出。

"那怪细菌，果然是白喉的正凶吗？"他喃喃自语。"然而有些白喉病小儿的尸身里，我并不能寻出那细菌来……反之，一点儿没有白喉病象的小儿，在他喉咙里，我却有时寻出那怪菌，而且那怪菌，也会杀死兔子和天竺鼠哩。"

白喉病者，扁桃腺上，那一层凶恶的白膜，就是那怪细菌的集团。因此这细菌定名为"白喉杆菌"。

白喉杆菌，无须用大队兵马，而精锐不可当，杀人不见血。然而它又没有真个把咽喉塞满，将血管胀破，是怎样杀人呢？怎样……

这问题，吕弗来先生没有给我们满意的回答。

"是毒！毒！毒！毒素杀人呀！白喉杆菌伏在黑暗的一隅，不断地放出强烈的毒汁，流到血液里，流到脑髓里，神经麻痹了，全身瘫痪了，人便顷刻中毒死了。"

人喊马嘶，远远地，在 1888 年，又来了两员抗菌大将，操着法国话，在这样讲。

这两员大将，一个姓路，叫作路爱美，一个姓岳，叫作岳新。两人都是细菌学开山老祖巴斯德的徒弟。那岳新后来还是我们发现鼠疫病菌的大恩人。

当时巴黎市内的儿童死亡很多，多是被白喉抓去的。巴黎的母亲都写信，请巴斯德研究对策，救救她们的孩子。

巴斯德真是太忙了。于是路和岳两人就自告奋勇，前往病儿院里去调查。

他们煮了好几大瓶的牛肉汤，将自病儿喉里所寻出的白喉杆菌，都请到牛肉汤里吃个痛快。又收集了许多小鸟小兽，如鸽子、鸡、兔儿、天竺鼠之类，一个个都给它由静脉注射了大量的那牛肉汤。不到几天，那些鸟兽，跛的跛了，瘫痪的瘫痪了，死的死了，尤以兔儿死得最惨，最像白喉病小儿的死法。

攻克白喉的德国科学家埃米尔·阿道夫·冯·贝林
（Emil Adolf Von Behring）

但是在那些死鸟死兽的身上，他们遍寻不着一粒白喉杆菌。那么它们被什么杀死了呢？什么……

忽然一线红光映到了路先生的大脑里，他带着沉重的声音说：

"这一定是那可恶的白喉杆菌，吃过了牛肉汤，就在那里面撒了毒素，牛肉汤既变成菌汁，又变成毒汁，这些动物就是被那毒汁毒死了。"

岳新先生也点头说：

"那么我们现在要把这毒汁和浸在里面的杆菌分开，看看毒在哪里呀。"

于是七手八脚，他们又大忙起来，将一大瓶一大瓶的白喉杆菌牛肉汤，一一放在蜡烛式的滤器中滤过，把细菌都滤走了，留下清澄澄

最初的抗白喉血清包装

的黄液，又买来一批一批的新动物，重新一一注射。经过好几番细微谨慎的工作，经过屡次的希望、期待、失望，而从头做起，再接再厉地试验，毕竟不至于绝望，而是成功了，一个伟大的成功！

他们发现了"白喉杆菌的毒素"。这毒素，只须1盎司（英两）①，可以杀死60万头天竺鼠，或7.5万头大狗。你想一想，只须六十万分之一盎司的纯粹毒素，注射入天竺鼠皮下，它就不能活，人类的小儿，虽比天竺鼠大一二十倍，怎经得住许多白喉杆菌，盘踞于扁桃腺上，不停地制造毒素，流于全身呢？

敌人和敌人的武器，都已侦察出来了。

怎样实行抗敌呢？

在这里，我先提起第五员大将的姓名：芬伯苓。又是德国人，在1890年，发现了抗毒的武器，自那时起，白喉病都有救了。其余的话，留着下次再谈吧。

---

① 1盎司≈28.3495克。

虎烈拉

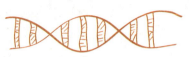

　　夏天的苍蝇多，苍蝇脚下的细菌多，苍蝇嗡的一声飞到了红烧肉、黄烟鱼、炒青菜、烩豆腐上面，细菌就在那里组织小家庭，制造小细菌。住不起装有纱窗的房子，或过着露天生活的苦力及一切中下层生活的人，有吃这些受过苍蝇洗劫的东西的机会，吃后常常有忽然觉得肚子里不舒服，或一阵大吐、一阵大泻，接着身子便软弱下来的现象。这些吐出来、泻出来的臭东西，经过几番的曲折，流到河水里，乡下的姑娘就用那河水来洗菜灌田，于是那些细菌又回到了厨房。过了没有几天，卫生局发生警告，说是虎疫来了，虎烈拉[①]来了。

　　在吃过了虎烈拉的亏的人，看了这张警告，心里自然明白，并且引起了痛苦悲惨的回忆。在其他的大众，只看懂了一个虎字，其余两个字看不出什么意义来，大约是和老虎总有一点儿关系吧。老虎是可怕的，因此对于虎烈拉三个字也发生恐怖的联想，因为不知道它的底蕴，所以更加害怕了。虎烈拉到底是什么呢？

　　问卫生局，卫生局说：这是我们每年夏季的宣传品呀！是我们的工作的成绩呀！你们看电线杆上不是高挂着虎烈拉三个大字么？你们快来打预防针呀！中国四亿七千万[②]的同胞，个个都来打预防针，我

---

① 虎烈拉即霍乱，旧时俗称虎烈拉。

② 根据 1932 年的统计，当时中国人口为四亿七千万。

们卫生局的工作虽然紧张一点儿，但是虎烈拉就可以这样地肃清呀。

一年复一年，每到了夏季，总听见虎烈拉的声音。

虎烈拉不是中国的土特产，它的祖国是印度，中国不过是它的殖民地，或半殖民地。虎烈拉在印度有悠久的历史。印度有一条大河，简直可以称它作粪河，几千年以来，印度人的粪都是倒在那里面，虎烈拉就在那里诞生。它在印度横行了好几个世纪，在1817～1823年之间，才开始侵略亚洲其余的国家，中国也是在此时被侵入的。它在黑暗里并吞了世界共六次，杀人无数。在第五次，它侵略欧洲的时候，就被德国的科学家发觉了。于是欧洲的科学家联合起来把它赶回印度。现在，欧洲美洲的境内都已肃清，只有我们中国，可怜的中

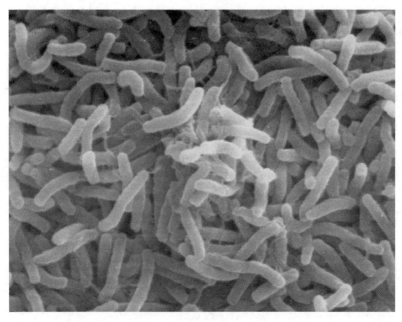

霍乱弧菌

苍　蝇

国，还在它的帝国主义势力范围之下。

　　虎烈拉在 1883 年，第五次自印度出巡，渡过了印度洋，渡过了非洲的沙漠，占据了埃及，又越过了地中海，进攻欧洲，全欧发生极端的恐怖，当时惊动了两位大科学家，一位是法国的巴斯德先生，一位是德国的柯赫先生。巴斯德先生因他自己正忙着研究疯狗病（狂犬病），不能分身，就派了两个徒弟前往埃及去调查。柯赫先生亲自带了显微镜，带了许多小动物，同他的学生葛夫克一起也到了埃及。在埃及，他们废寝忘食地日夜工作，一边挥着热汗，一边割开死人的肚肠，抽出一点儿肠里的又臭又秽的东西放在显微镜下，东看西看，又拿一点儿注射入猴子、鸡、犬、老鼠及猫儿的体内。正在工作紧张的时候，巴斯德的一个徒弟得虎烈拉病死了。在他的棺木前，柯赫先生献上一个花圈说：他死得很光荣，他是为科学为人类而牺牲了自己的生命。

虎烈拉的病菌终于被他们寻出了，在显微镜下现出它的原形。原来这虎烈拉是一粒弯腰曲背的细菌，头上还有一根鞭毛像清代人的辫子一般。看它这样娇小柔弱的东西偏会杀害比它大了几十万倍的人，真是大的东西反被小的东西欺负。国家也是如此。我们愧做了人，尤其是愧做了中国人。

我们的抗敌英雄

　　像葡萄酒一般殷红的血，比葡萄酒更为鲜明活跃，自肥嫩而有弹性的心房出发，按着心房一放一收的节拍，顺着血管的一胀一缩，像潮水一般汹涌地周流于全身，分送食粮与各器官、各组织、各细胞，又收集了各处的污物，到了肺，经过氧气的洗涤之后，复归至心房，这样地循环不已，昼夜不息。

　　血和酒不同，酒是纯净的液体，血里面却含有无数生动而且握有权威的东西。其中有两大群最为明显：一是红血球，它们是运粮使者，我们在这里不谈；一是白血球，这就是我们所敬慕的抗敌英雄。这群小英雄是一向不知道什么叫作无抵抗主义的，它们遇到敌人来侵，总是挺身站在最前线的。

　　白血球将军的属下有两种军队。第一种是自由冲击队，到处巡游，遇到有形迹可疑的东西便把它包围起来。它们的标志是体内有多形的核，所以叫作"多形核细胞"，因为它们的体积较小，又叫作"小噬细胞"。第二种体积较大，就叫作"巨噬细胞"。它们是不动地分驻在各要隘，专候外敌来攻，即迎头痛击。它们所驻扎的地点如下：肝的微血管、脾窦、淋巴窦、肾上腺的微血管、大脑下垂体的微血管、脾淋巴腺及组织、胸腺。

　　白血球是人及高等动物防卫身体的战士。自生物进化史上看来，也是一步一步的演进而成。在原始的单细胞动物，如阿米巴，它们整

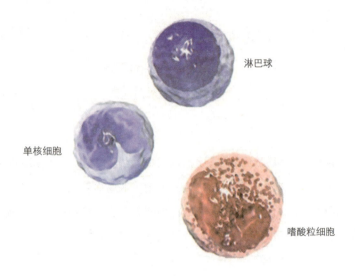

淋巴球

单核细胞

嗜酸粒细胞

白血球结构图

个生活方式就是伸出伪足将敌人包围、吞食，而渐消化之，其不能消化者皆逐出于体外。在下等的多细胞动物，如海绵和海蜇，也是用它们的阿米巴式的细胞来吞食敌人。在无脊动物，如棘皮、昆虫及至于有脊动物中的青蛙，在它们由幼虫或蝌蚪变成正式形体的过程中，也是用它们阿米巴式的细胞把体内所附有多余的组织一点一点地吸收完尽。这种阿米巴式的细胞吸收幼虫的作用和白血球吸收外来物体的作用相仿。假如我们把女人脸上所擦的胭脂粉注射入暖血动物，如狗的体内，则狗身上的白血球就会把这胭脂粉包围而吞食进去；若将这胭脂粉放在阿米巴身旁，也会被阿米巴所包围而吞食。又如你的朋友若得了盲肠炎，送到红十字会医院里去开刀，手术既毕，医生用羊肠线把他肚皮的伤口缝好，过了数星期之后，伤口完全好了，肚皮上的羊肠线亦不见了，这也是白血球的作用，羊肠线是被白血球吃光了。总而言之，高等动物的白血球是原始动物阿米巴的后裔，它们的容貌性格都很相同，一碰到陌生的物体就要攻击，包围并吞，不稍存畏缩退怯之念，真是可敬。

白血球尤恨细菌，细菌这凶狠的东西一旦侵入人体的内部组织，白血球不论远近就立刻动员前来围剿。

然而细菌要侵入人体也不是容易的事。在健康的时候，我们的皮肤非常结实，许多细菌虽集在那面上跑来跑去，终于没有缝隙可寻。我们的鼻孔好像两个高耸的烟筒，宜乎可以进去，然而鼻毛像刺刀一般林立在那里挡驾，就说是这些狡猾的细菌能慢慢地一步一步偷进去，到了气管边，触动了尖锐的神经，我们一喷嚏一咳嗽，又都把它们打出来了。我们张着大口吃东西的时候，这一条康庄大道应当可以

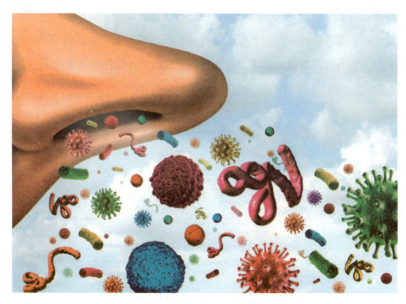

呼吸疾病的传播

长驱直入，但一到了胃，看见了又酸又辣滔滔滚滚的胃汁而兴望洋之叹，就都在那里浸死了。此外，我们的眼泪、鼻涕、口涎也都有一点儿杀菌的力量，时时都可以把它们扫清。但是或因气候变迁而受了寒冷，或因胃口不佳而营养不足，把全身的抵抗力减弱而细菌遂得以乘机侵入内部。在这个当儿，白血球闻警，立刻下了紧急动员令，直趋前线，与犯境的细菌死战。同时在骨髓里，加紧训练新兵，在短时间内，白血球的军队顿增了好几倍。

双方互有死亡，双方互有补充。细菌依靠它们的生殖力迅速，而白血球则一口能吞尽好几个细菌。白血球的战略有三个步骤：第一步，先与细菌接战；第二步，将细菌包围；第三步，消灭细菌。细菌的战略是在未接战之前放出一种化学毒素使白血球不得近其身。在这个情形之下，我们的身体又产生一种"噬菌素"来助战。这"噬菌素"能调解细菌的毒素使白血球仍得与细菌接战而吞食之。结果，若白血球打了胜仗，将细菌悉数歼灭，病就好了，身体也渐渐地复原了。若白血球抵抗不过，细菌打了胜仗，若再没有别的法子来救治，那性命就危险了。

儿童的抗敌

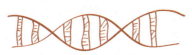

北风吹得愈紧了，天冰地冻，万物都退缩了，白喉的凶手却正在洋洋得意，步步施展它的威力。

乡村和城市的小孩子，尤其是贫民窟里的苦儿，病的病，死的死，多半被白喉魔手抓去了。病儿的爸妈，心都愁碎了，死儿的爸妈，脸都哭肿了，而白喉还是不肯退兵。怎么办呢？

在1890那一年，白喉闹得更凶了，当时欧洲虽然已经有四员大将：两员是德国医生，捉到了白喉的凶手，那可恶的"白喉杆菌"；两员是法国的细菌学者，寻出了白喉行凶的武器，那可怕的"毒素"。但是那凶手是神出鬼没，捉了一帮，又有一帮，捉不尽的呀。那毒素如暴风骤雨，又如炸弹一般，来势凶猛，儿童的抵抗力薄弱，怎经得起冷不防地一阵乱投乱打？

那么，有什么法子想呢？

于是，远远地，在1890年的冬天，从德国首都柏林许曼街上，一所古旧的小厦里，又出一员大将，年方30多岁，颔下有几根齐整的小胡须，高声喊道：

"小孩子们，不要怕！父母们，不要哭！我已给你们制好了抗敌的武器，是一种抗毒的血清，现在送你们一个小孩一盒白喉抗毒血清针。白喉来攻时，你们注射了这血清针，白喉之毒，立时就可以解了。

"我们若不集中民众的力量，直捣'白喉杆菌'的巢穴，扫清它们的根据地，把它们一网打尽，杜绝后患，也当来一个杀一个，来一群除一群，杀个片甲不回，除尽点毒不留。哪怕它们有 10 万亿菌兵，我们也可以制成 10 万瓶抗毒血清，从此白喉不足怕了。

"这抗毒血清的制造，是将计就计、以毒攻毒，利用敌人的武器，经过科学的手段，反变成抗敌的武器了，真是一条绝妙的好计啊！……"

说话的这一员抗菌大将，也是柯赫教授的一个得意的门生，名字叫作芬伯苓。他是贵族出身，而肯为平民谋福利者。德国人姓"芬"的，大半都是贵族的后裔。

当时柯赫先生自发现了肺痨病的"结核杆菌"之后，声名大振，各国学子，都不远千里万里而来求教，许曼街上那一所古老研究院里，真是人才济济。

芬伯苓也在那里做研究员。

芬伯苓是德国陆军军医学校毕业的。他在读生理学的时候，对于血液就感到非常的兴趣。

"血液，这人身上最神秘的流汁啊，蕴藏着生命的原动力，多么美丽，

一瓶 1895 年的老式白喉抗毒素

多么活泼，当它微露在少女脸上，是那种含羞不语的神气，当它在战士伤口奔放，又那样悲壮！"他带点诗意地想。

血液既是这样生动而有勇气的流体，有时固然很能抗敌，如白血球之杀退葡萄球菌，而有时遇着某种手段更加毒辣的细菌，如惯使毒素攻人的白喉杆菌，连白血球也不中用了，死战不过，血液惨败，中央脑部被毒弹所炸，神经麻木，交通断绝，生命危险，这时候，外界若再没有救兵，不是就要坐着等死吗？

毒素杀人，是一种化学作用。白喉杆菌利用了最猛烈的化学战争。

然而有一种化学品可以毒死人，就有一种化学品可以消解这个毒。自然界断无不解之毒，正如人世间断无不解之仇。这是事实，不然，这世界，要变成一条走投无路的死弄堂，人们一卷入疾病和战争的旋涡中，就完了，永远不能自救自拔了。

天公到底还有一点儿美意，一分儿好生之德，不绝人望，看见垂死的病人，垂亡的民族，被病菌战魔，打得落花流水，伤心惨目，又伸出科学之手，救他一线生命。

科学是救亡图存之路。

明白了这些道理，那时候，坐在柯赫实验室里的芬伯苓，正在沉思不已，他的心中跳着一个伟大的希望。他要寻出一种化学品，可以扫清攻入血液里的病菌，而同时不至于伤害人身的细胞组织。

他要寻出一种化学品，可以治疗白喉病，救一救那些在小病床上喘气的病儿。

他选了三十多种有机和无机的化学品，都是奇奇怪怪的名称，有的比较普通些，有的非常贵重。安排停当了，他先给一篮一篮的，一共有一百多只天竺鼠，一个个都注射了小量预先养得又肥又壮又活又狠的"白喉杆菌"。不久，天竺鼠的白喉病，便一个一个地都发作了。

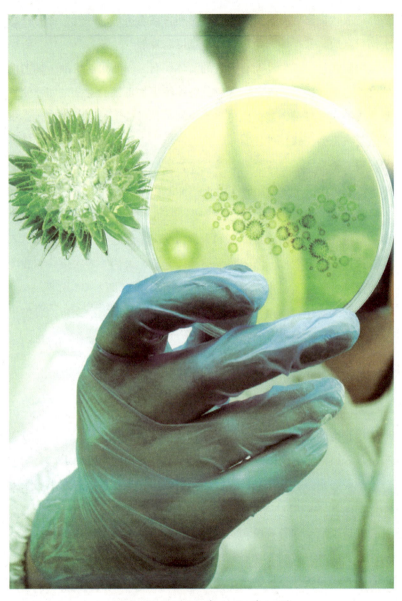

科学家在用培养皿培养细菌

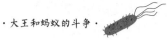

于是他又给它们不同地注射了这些有毒的化学品。

他以为这些化学品的毒，应当可以毒杀，杀尽了天竺鼠身上的白喉杆菌了。至少也总有几对天竺鼠可以不死于白喉之手啰。

但是，结果，那些无辜天竺鼠的性命，都不知去向了，不知死于谁的手？白喉杆菌的毒吗？还是那些太厉害了的化学品的毒呢？不能解剖分明。

以毒攻毒的试验，这一次，算是没有成功，白白地牺牲了100多只天竺鼠。

但芬伯苓并不灰心。

他心里总希望着，在那万千万千化学品的队伍里，寻出一员杀菌而不害人的勇士。他又挑了好几十种，试验的结果，没有一个当得起这治疗的责任。

他仍然是热心地挑选、试验。最后挑到了一种"碘"制成的药品。

还是不行。那些注射过这碘剂的天竺鼠，也一一都病倒了。芬伯苓几乎失却了忍耐。

但他一步一顾，看了又看，真是非常细心的科学家。

死了这么多的天竺鼠，现在这一批又要白白地病死了。他真不甘心，真不愿意。于是有一天早晨，他又到天竺鼠临终的病房里，作了最后一次的巡礼，再瞧它们一眼也罢。但是——

这一看非同小可！它们非但没有死，都一跳一奔地活跃起来了。不过跳之中带跛，奔之时带跌，好是好了，没有全好。然而其余的没有受过碘剂治疗的天竺鼠，早已一命归天了。

芬伯苓好生欢喜，以为自己已经寻出白喉病的救药了。

于是他又请出一批新的天竺鼠来，重演这治病的把戏。这一回，可就没有那样灵了。那些可怜的小动物，有许多虽然治了也没有好，

1807 年疫苗接种

仍死于白喉病了，有许多反是中了碘毒太深而死了。只有一两只，虽侥幸不死，也被碘烧得皮破肉烂，痛啊痛啊，真是活受罪！

芬伯苓看了这情形，眉头又皱了一把。

这种半准半不准的试验，实在很难明确地表示，碘到底有没有治疗白喉病的功效。

然而，终究有少数的天竺鼠是救活了。它们为什么不会死？它们的血液里面，起了什么变化呢？是不是由不抵抗而转为最抵抗，很能作最后的挣扎，而得到胜利呢？

于是他又在它们的皮下，注射进巨量的"白喉杆菌"，看它们会不会抵抗到底。

本来，这一大量的毒菌，可以杀死一打天竺鼠而有余。现在那几只治过一次的天竺鼠，竟一点儿都不示弱，像没有一般，在那铁丝笼里跳跳玩玩。可见如今它们的血液里，是拥有雄厚的抵抗力啊。

鲜浓明艳的血液，活泼有力，英气勃勃，是身体的自卫团，是生命的义勇军！他认识了血液中潜伏的力量，放弃了化学品治病的苦肉计，而专心去研究血液自强，自力更生的方策。

他割开那一只病好了的天竺鼠颈肉下的血管，滴出了一玻璃管大红的血液，让它自己澄清了，红血球都沉落于管底，上面自然浮起一层橙黄色的"血清"。他将这血清抽出，放于另一只玻璃试管里，与一小量的白喉杆菌相混合。

"这血清里面，一定含有杀菌的力量，这些杆菌到里面，一定活不成。"他想。

于是他瞪着眼睛，在显微镜下望一望白喉杆菌怎样死法。

这一看，不对了，那些狠毒的杆菌，还一个个都活着哪，在玻璃片上，狂欢狂舞唎，生儿养孙唎。血清没曾杀死它们半个。

芬伯苓看了很懊恼，继而恍然大悟。

不是那两位法国细菌学大将路先生和岳先生已经证实过：白喉杀人，并不动手动脚，亲身出马，只在暗中，放布毒素，麻醉人的神经，而后害他性命吗？可是，天竺鼠所以病好了，不是血液里跑出一阵杀菌的将士，而是血清里存着抗毒的力量。

不仇杀敌方的民众，而专破除敌方的毒力，毒力一破，则敌不足为我害了。勇哉血液！智哉血清！

那几只救活了的天竺鼠，一天一天肥大了，伤口也复原了。芬伯苓拣出最肥的一头，在它皮下，注射了大量的白喉杆菌的毒素（注意：白喉杆菌本身不混在里面）。果然，不出所料，那动物安然无恙，它上一次吃得消大量的杆菌，这一次又吃得消大量的毒素，这毒素本来只需 1 盎司，可以杀死 7.5 万头的大狗，现在用了那么多，那一只小小的天竺鼠，连歪一歪身都不歪，竟若没事。

芬伯苓的精神格外兴奋起来了。他又从治好的天竺鼠身上，取了半管的血，停了一会儿，抽出浮在上面的血清，与预先制好的白喉毒素相混合，再拿那混合的液汁，注射进一只新买来的天竺鼠的皮下。

看哪，那新的天竺鼠，仍是活着、跳着，没有死去呀！

神妙的抗毒血清，已把白喉毒素解除武装了。

他又照样地将另一只新买的天竺鼠的血清取出，与白喉毒素相混合，可是当他用这混合液注射于别只天竺鼠皮下，不久，那动物便硬挺挺地中毒死去了。

这分明表示，那新的一只天竺鼠的血清，没有抗毒的力量啊，这就证实了，只有病过白喉而经治好的动物，才有抵抗白喉毒素的血清啊。这血清里所含的抗毒素，就是受毒素的刺激而发生的啊。

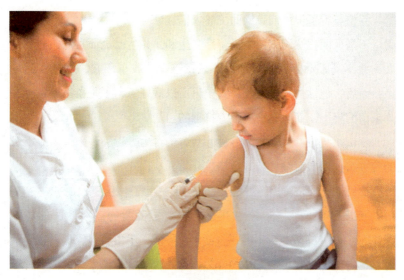

给孩子注射抗毒血清

有了一线救治白喉的光明，芬伯苓加紧工作了，向这光明迈进。他又用了兔子、羊、狗等较大的动物，来试造白喉抗毒血清。结果，以羊的血清为最佳，所制成的抗毒素为最强，拿了来注射白喉病的小动物，一个个都治好了。

于是他就大胆作更进一步的尝试。

在1891年的冬季，耶稣基督诞生那一天晚上，在柏林布力克街的一所医院里，有一个白喉病的小儿，在病床上呻吟，生命只余一线丝了。惨淡的灯光下，露着惨白的小脸孔。芬伯苓握着他软绵绵的小臂，给他郑重地注射了白喉抗毒血清的第一针。没有一顿饭的时光，那小儿的眼珠活转过来了，病也渐渐消失了。

这是抗毒血清试验的成功，儿童抗敌的胜利，一个历史上伟大的成功。

后来科学一天一天进步，不用羊的血清，改用马的血清，来制造抗毒素。不但又发明了"皮肤反应"以检查白喉，更利用了"毒素抗毒素的混合液"以预防白喉。

今日的儿童，若死于白喉，是儿童之冤，科学没有普及之祸，那抗毒血清，却被一般医生居为奇货，拥为专利品了。

毒菌战争的问题

东非的炮声没有停，华北已经流了血，莱茵河的杀气腾腾，太平洋的阴风惨惨，战神的列车就要开到了，他的宣传队正在四处活动。

在这风云紧急的当儿，又传来了一个惊人的消息：

这一次世界大战，各交战国要请毒菌来助战了！

帝国主义者也要散布毒菌来消灭我们吗？

这真是科学的耻辱，人类的大不幸。

这在侵略者，是极端的残酷，在被压迫者，是无限的悲哀。

弱小的民族们，认清吧！

这是告诉我们，列强的军事野心家，投降了微生物界，勾结了苍蝇、疟蚊、鼠蚤、臭虫，作了恶菌的前驱、内应，而出这人类自杀的毒策。

这些要想利用毒菌战争的人，简直就是人类的汉奸，就是"人奸"。

毒菌，穷凶极恶的毒菌，在过去人类的历史，就有不少惨痛的伤痕，全人类几乎被它们灭亡了好几次。

穷凶极恶的"鼠疫菌"，人类最可怕的恶敌，欧洲 14 世纪黑死病的恐怖，就是由它行凶，印度在 20 年之间给它害死了 1025 万人。

穷凶极恶的"霍乱菌"，单在 19 世纪中，就有六次扫荡了全世界；不到 1 个月的工夫，伦敦一市有 4000 具死尸，巴黎一市有死尸 7000 具。

穷凶极恶的"流行性感冒菌"，在 1918～1919 年几个月的期间所杀死的人，比欧战 4 年间所死的还要多。

还有其他穷凶极恶的毒菌，有急性的，有慢性的，都不断地向人类进攻。我们的一生，有哪一刻不受着它们的威胁呢？

然而现在的毒菌的威风已经稍减了。

这自然是科学家的功劳。

科学的精神是国际合作。科学家是不论国籍，不分国界，而肯牺牲一切，共向人类幸福的前程，努力迈进。

不料，从第一种毒菌"炭疽杆菌"的发现以来，才有 60 年，防御和救治传染病的方法，还没有完全成功，现在竟有这样黑心眼的人，妄想把毒菌当战器，来屠杀自己的同类了。

这不是科学界最矛盾、最沉痛的一件事吗？

这样的人在法国，就对不起巴斯德；在德国，就对不起柯赫；在英国，就对不起李斯德；在日本，就对不起野口博士。野口博士为了研究黄热病，而牺牲了自己的性命，是值得我们推崇的一位日本科学家。

在同一国度里，出了为人类而不惜牺牲了自己的科学家，又出了为自己而不惜毁灭了人类的军阀。

这是不足为怪的。这是帝国主义者的老把戏。

科学落伍的中国，从前似乎也曾发明了火药。这在我们不过是拿来作鞭炮之类的玩意儿。一到了白种人的手里，就变成了大炮和炸弹。甚而至于宗教、教育、医院之类的事业，——都可以做成侵略的工具。而现在更有这种杀人不见血的毒菌，更来得简便了。

然而，毒菌的种类既多，它们攻入的法子，也各有花样，各有一定的途径，也须遇着种种机缘，打破重重难关，断不是随随便便，瞎碰瞎干，就可以杀倒一个比它大了好几百万倍的人呀！

攻人的毒菌，现在已经发现的，大约有六十几种之多吧？它们都是细菌世界里的流氓，到处潜伏。人家的身体偶尔着了凉，它们就趁冷打劫。体虚质弱的人，更容易受它们的欺侮了。

它们打倒了一个病人，就拿他作为临时的根据地。就由那病人，在谈话握手的时候，传染给别人。或由那病人所用的茶杯、手巾、钱币、书籍、衣服，如此等等的物件，传染起来。

石井四郎，731部队指挥官

它们尚且以为这是太费事了。因为每次要寻到有得病的资格的人，一定要在他疏忽的时候，吃了些没有煮熟的食物，喝了些生冷的水，它们才得以混进去，到肚肠里去。

从鼻孔里进去吧？那又得等到天气突然转冷的交关，灰尘飞扬的时候，人群拥挤的场所，就是冲进了鼻毛的后面，也还有别的问题哩。

于是这些毒菌呀又想利用昆虫作战了。有的挂在苍蝇脚下，有的伏在蚊子口里，有的藏在跳蚤身上，有的躲在臭虫刺边，都恨不得立刻就钻进人的体内去，人的血管里面去，去吃那香喷喷的血。

可是到了人血里以后，又遇着两个小冤家，要和它们厮打。一个是白血球，一个是抗体。

原来毒菌杀人的武器，是有两种的：一种是专靠自己生殖快，菌

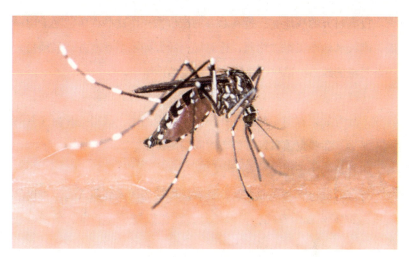

蚊　子

众多，硬把血管冲破，血素吃光，伤寒菌就是这一例。一种是盘踞在人身的一个角落里，而不停的分泌毒汁，使人全身中毒而死，白喉菌就是这一例。

因此人血里的抗体，也有两种：一种是抗菌，一种是抗毒。

要打破这些难关，才能杀倒一个人。不然，若毒菌容易得胜，人类早已灭亡了。

一个大时疫的流行，自有它特殊的原因、特殊的气候、特殊的环境，合着而造成的。现代世界卫生事业的进步，这恐慌已经减少了。

现在，军事的妄想家，却要利用毒菌来助战了。

这就是说，要在敌国造成人工的时疫。可能吗？我也曾替他们细细地设想。

选出最凶最毒的菌种，大量地培养起来，装入特制的炸弹里面，从飞机上投下去吧。

投到对方的战地去，投到对方的街市去，使这些毒菌，毛毛雨一般，满天满地地飞舞。然而，这时候，敌方如果早有准备，只须每人一条消毒的纱布，罩住了鼻子，也就安然度过了。

在江河湖沼里，在自流井饮水池里，秘密散布毒菌吧。然而，这时候，敌方如果有卫生的训练，不去喝生冷的水，只喝些开而又开的水，那么，那些毒菌只好静候着时间的淘汰了。

还有别的法子想吗？

有。可以组织病人敢死队，送有传染性的病人到前线去。可以从飞机上掷下无数的苍蝇，苍蝇不足，继之以蚊子、臭虫、跳蚤、壁虱、死老鼠之类的"疫媒"。

这似乎是可笑，而其实是可怕。

战争本是盲目的行动，何况帝国主义者一心残酷，无毒不使，样样做得出。可怜的只是我们不讲卫生的古国，在平时，一般民众，就没有卫生训练，预防传染病的常识；到了战时更是手忙脚乱了。

毒菌战争，不过是玩传染病的把戏，我们若揭穿了那把戏的内幕，也就无须恐慌了。

然而，可怕的是，战争即使没有利用毒菌，而毒菌却反利用了战争，造成了它们流行的机会。大战之后，必有大疫。欧战死亡的统计，死于枪炮火之下的占少数，死于疫病的占多数。

而且，在平时，世界各国对于时疫，都有严密的检查与管理，一旦大战发生，不免废弛放纵，那流祸是不可胜言的。

这是一件严重的事实。不论大战什么时候才来，我们大众对于毒菌这家伙，都亟待注意啊！

1936 年 3 月 16 日

凶手在哪儿

强盗在杀人，疾病也在杀人。

强盗的面前是财物，背后站着迫强盗为强盗的恶势力。

疾病的面前是身体虚弱不讲卫生的人，背后站着毒菌。

战争在酝酿着，时疫也在酝酿着。杀人的势力膨胀了。

战争的凶手是帝国主义者的军队，时疫的凶手是毒菌的兵马。

战争造成了毒菌大量杀人的机会。它没有正式利用过毒菌，也许终于不敢利用，而毒菌确早已尽量利用了它。

单举"脑膜炎"为例吧。脑膜炎的凶手，是爱吃人血的一对一对的"双球菌"。经过一次大战，它就盛行了一次。在欧战时，英军受害最烈，法军次之，德军几乎幸免，这或许是德国的军事卫生训练特别精到吧。

在战前，脑膜炎每年杀死的英国人，总不到 200 人。在 1915 年英国加入欧战之后，死于脑膜炎的人数，突然增至 1521 人。

在中国，脑膜炎素来就不和我们客气，一旦远东战事发生，即使敌人不散放脑膜炎的毒菌来扑灭我们，而因战时所造成的不卫生的环境，脑膜炎也自然会趁势蔓延起来。那时，我们一般军队和民众，既缺卫生训练，又少预防常识，一个个手忙脚乱，不知如何是好，怎么得了！

脑膜炎如此，还有其他更多更凶的毒菌，都在那里扩张军备，瞧着，闻着，等候着大战的来临，就要一一发作，一一暴动起来，更怎么得了！

战争是时疫的导火线。

所以战争不仅是社会科学的问题，也还是自然科学的问题。

疾病不是私人的痛苦，大家都有份儿。病会流行，病会传染，传染所及，大众都要遭殃。一人的病，一变成大众的疫，全世界都生恐慌。

战争至大的对象，是要打倒了别人的国家，降服了异族。帝国主义者这才洋洋得意了。

时疫至大的对象，是要毁灭全人类，破坏生物界的完整。毒菌这才在那里吃吃而笑了。

所以时疫虽是自然科学的问题，更也是社会科学的问题。

帝国主义者这凶手的潜势力，是很深长、久远的，他是明目张胆

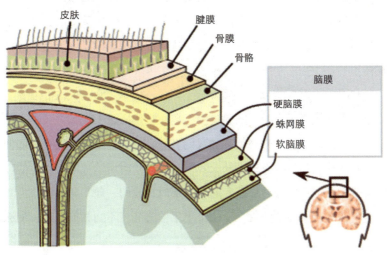

脑膜中枢神经部分

地行凶，我们是司空见惯了。

毒菌这凶手的潜势力，也很深长、久远。可是它在暗中作怪，我们只觉着受它的攻打，见不着它一些踪迹。

有一些毒菌的踪迹，虽是被科学家看穿了，我们大众哪里有这眼福。就是偶尔看到显微镜，也是茫然一无所得。

那么，请细菌学者开一张毒菌的清单，好么？那又都是一批一批，生硬的怪名词，看了更糊涂。

既有这些杀人不见血，不留影子的凶手，又有那些土头土脑，危险临头还是那么懒洋洋的，没有团结力，没有自卫力的一般民众，这岂不是都坐着等死吗？

毒菌的真相、阵容，如何侵略我们，我们如何侦察、搜查，如何防御，如何消灭它们的恶势力，这些似乎都是专家的智识。然而大战爆发了，寥寥几位专家是不济事的。卫生局就有成千的医生，可以立时动员给我们打预防针，施救急药，一市数百万的居民，能个个都照顾到吗？中国有几个城市有卫生局呢？全国有多少能治病的医生呢？

因此，中国的民众在抵抗帝国主义者侵略的时候，对于防御毒菌的常识，是必不可少的。

最先要认识毒菌的巢穴、魔窟。然后进可以攻，退可以守。则处处小心提防，不去沾染它。攻就要全部围剿，用消毒的手段去消灭它。

我是曾经在实验室里，掌管过毒菌的生死簿的一人，所以对于它的来历、形状，颇为清楚。

统观起来，屈指一算，它的魔窟，可有七处。

第一窟是水窟，叫它作粪窟，更为切实。粪原是毒菌的大本营。

一杯明净的水，它的来源若流进了粪，就有不少的毒菌混入，看去还是明净，然而就是这一杯水，把毒菌送到我们的肚肠里去了。这一类的毒菌，如伤寒菌，如痢菌，如霍乱菌，都是极凶狠的。虽然，不要忘记了苍蝇，也是这一批传染症的帮凶。有时做帮凶的还是人们自己的手指头。

　　第二窟是人窟，更深切一点儿叫作喉窟也可以。毒菌就伏在人的咽喉里。带菌的人把它带来带去，四处散布，人众拥挤的地方，更是危险了。欧战时就有不少这经验。在营房里，本来人气就多，到晚上又都床靠床地睡。据说床的隔离，要在 3 英尺以外，才没有传染的危险。这一类的传染病如结核、如白喉、如脑膜炎、如流行性感冒、如

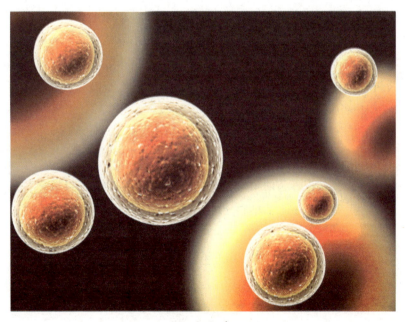

病原病毒

肺炎、如猩红热，等等，传染的法子，大同小异，都是以病人或带菌人为出发点。

第三窟是食窟，这一类的毒菌，如肠热毒、如腊肠毒菌，都不待苍蝇的提携，早伏在肉和菜里面了。中国人吃的肉煮得烂，危险似乎是较少。

第四窟是虫窟，身虱可怕么，它会传染斑疹伤寒。臭虫、吮血蝇可怕么，它们会传染回归热，跳蚤可怕么，它会传染鼠疫。不过鼠疫还有老鼠被利用。疟蚊可怕么，它会传染疟疾，不过疟疾的主因，不是毒菌，而是毒原虫。这些虫儿们有些常见、有些不常见，一律打倒，免得将来帮凶。

第五窟是兽窟，在这里，人和兽都是被屠杀者。因为人和兽的接近，兽的疫就跑到人身上来了。疯狗咬人，人不但受伤，还会患狂犬病。马夫曾受马鼻疽的传染。牛羊的炭疽病，会传给织毛洗革的工人。地中海一带的人，吃了羊奶，也会得马耳他热病。牛奶有时也会送结核菌到我们的肚子里去。欧战时，前线的兵士多得急性黄疸病，据说是身上的伤口沾着了老鼠尿。日本也有七日热、鼠咬诸病，都与老鼠有关。的确，老鼠还是鼠疫的第一主人咧。

第六窟是土窟，这里抗敌的战士们要特别注意呀！在战壕里，就伏有不少的毒菌。不是那泥土不干净，就是那马粪太危险，受伤的军士是经不起破伤风毒菌的袭击呀！有时在战地上跳出一种虱子咬你一口，还会发生战壕热的病哩。

第七窟是皮窟，是皮肤和皮肤的密切接触而传染。那就是混入人类的性生活里的梅毒菌和淋菌。还有那爬在皮肤上老不肯去的麻风菌。这些顽固的毒菌，在传染病的暴风雨中，居然也占有一角很大的地盘。

也许还有第八窟。这第七窟也并不是天然的分界。不过在这七窟里，我们时时都可以发现毒菌在活动蔓延。

水、人、食、虫、兽、土、皮，这毒菌的七窟，认清吧！

临了，我记起一件事。第八窟是有的，那就在帝国主义者预备施放毒菌战的时期。那么我们要扑灭毒菌，先打倒帝国主义者！

1936 年 3 月 26 日

其他的捣乱分子

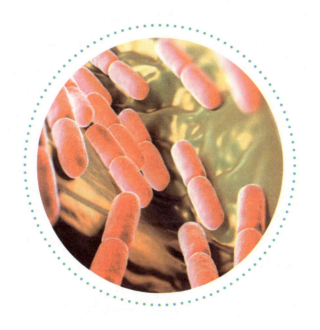

床上的土劣

地球上一切的大大小小的生物都在拼命地争地盘。争得最大地盘的，除了细菌之外，要算是一对触角、三双脚的昆虫了。

30多万种的昆虫当中，有一种爬到人的床上，爬到被窝里面，和人类短兵相接，闹得很多人夜夜不能安睡的，是臭虫。

蝴蝶，美丽而活泼，好比电影明星；秋蝉，清脆而有韵节，好比音乐家；螳螂，好比挺着胸膛的武人；蠹鱼，好比专读死书的文士；蚂蚁，好比靠着两条腿吃饭的洋车夫；蜜蜂，好比忙着搬行李的码头工人；苍蝇是白天的强盗，蚊子是黑夜的土匪，这两个也还有不怕死的胆量；至于臭虫，名称先已不雅，态度又畏首畏尾的不光明正大，看它们胖胖圆圆扁扁的褐木色的大肚皮里，吃的都是我们小百姓的汗和血，一旦光明来到被窝里，它们早已吓得逃个精光了，拿它们来比一般贪官污吏土豪劣绅不为过吧！

我在什么时候第一次碰见这位贪官的呢？大概还是一个未满10岁的小孩子。当时我家里有一个79岁的老婆婆，我时常看见她在瘦黄的拇指和食指中间夹着一件小小红褐色的东西，用纸煤火来烧死，听说是很臭的，我只站得远远地望着。在引起我大大的注意这小东西的时候，已是一个大学生了。那时正在芝加哥研究微生物学。有一个夏天，我在自己新搬到的房子里，发现了几位这样的床上的土劣。我并不恐慌，而且喜欢，就把它们一个个请到瓶子里，立刻跑到实验室，用显微镜细细地来观察。观察所得，哟！它们原形就毕露了。

第一，它们的头、胸、腹三部，比平常的东西不同，腹部特别发达，要占全身体的3/4，像一位大腹便便的财阀，把全国人民的财富都吃到肚子内去了。一看就知它是如何的贪污。

第二，它的头，最特别的就是那长长的嘴，在咬人时，就伸出四条尖锐的针来刺人的皮肤。此外，还有那灼灼似贼的一双眼睛和那一对探路的四节的触角。

第三，它的胸、腹面有三对脚，脚上有节又有毛。背面有发育不完全、萎缩得像鱼鳞一般的一双翅膀。

第四，它的腹，共有八节，长得胖胖圆圆扁扁的，而上面又有很

臭　虫

多很细的毛。

头胸腹连起来，量一量，还不及我们的半个指甲长。

在这里，我所看的，虽然是美国的臭虫，但是它们也和贪官一样不分国界。它们又好比妓女，也是都市里贫民窟的产物，哪一国没有，哪一国的臭虫不是有一个圆圆的大肚皮！不过在印度的臭虫，头比较小些，肚皮也窄些，嘴没有那么长，身上的毛也多些，这也许是因为印度人的血都被英国人吃去，所以印度的臭虫也挨了一点儿饿吧！

距今3亿年或3千万年以前，在古生物时代开始的时候，臭虫的祖宗，也就是一切昆虫的祖宗，叫作"三叶虫"，是大海的霸王，威震天下。怎么也想不到，它的后代会生出这种卑鄙无赖的不肖子孙——臭虫。据我的推想，臭虫的出世，在有了人类之后，不知是三叶虫哪一代的孙儿，形状和现代的臭虫差不多，或且是没有那样长的嘴和那样大的肚皮，有一次闻到了人的汗臭和血腥的气味，为饥饿所迫，偷偷地爬到人的皮肤上，咬了他一下，吃了一点儿血，觉得很可口，从此之后，便一而再、再而三地尝试，愈吃愈高兴，成了习惯，又不知不觉地将这习惯遗传给它的子孙，经过时间的演进、环境的浸润，于是于无形之中形成了今日的臭虫。此外，它们还有些亲属，因为吃不到人的血，而去吃禽兽的血，所以现在鸡也有鸡的臭虫，鸽子也有鸽子的臭虫，燕子也有燕子的臭虫，蝙蝠也有蝙蝠的臭虫。这些异族的臭虫，虽不来吃人，但你若碰到了它们，它们也会狠命地咬你一口。

臭虫的行营却没有贪官污吏那样堂皇，能住租界，它们是设在木器的缝隙、地板的小孔里面，我们的卧床算是它们的大本营。在光天化日之下，它们都匿形消影不敢出来，一闻到了人肉的气味，就笑嘻嘻伸出它们的头，舞着它们的触角，东张西望。在夏天的晚上，灯灭人静的时候，它们就全体出征。这时候，家家户户睡在床上，被臭虫侵略的人们，就由不得你不手挥足踢，辗转反侧，东抓西挠，左不是右不是。人们若出其不意地把电灯一开，它们早已四散奔走，偶尔看见一两个跑得慢的，急急地向黑暗里躲。然而被臭虫侵扰惯了的小百姓，似乎打死了一两个臭虫也就算了事，能睡且睡，得过且过，在无可奈何之中不了了之。给臭虫咬和给帝国主义者压迫一样，好像是他们不能解脱，不能反抗的苦命运，似这样的吞声忍气，糊里糊涂过日子，益发使它们的臭势力蔓延无止，它们的臭手段、臭战术，得寸进尺地更横行无忌了。

母臭虫一年怀孕4次，每次产下50粒小臭蛋。10天之后，孵成50个小虫儿。这50个小虫儿，在两三个月之间，经过5次脱壳，就变成50个大臭虫了。所以春天杀死1个母臭虫，等于夏天杀死50个。夏天带回1个母臭虫，一年之后，满床满地都是臭虫了。我有一位亲戚，新婚的时候，置了一套全新摩登木器家具，不到一年，他们的小宝宝出世了，贺客固然很多，但都不肯安坐，因为坐中夹着很多小刺客，不知从哪一天哪一个时辰起，他们的家具都埋伏着臭虫，真是虫床、虫椅、虫桌、虫柜，满屋上下都是臭虫了。我替他们分析一下这些臭虫的来源。我说：因为它们闻知新娘新郎的肉味香，所以不远千里而来。它们共分五路来攻：

第一路，是从木器店来的，它们打听有一对夫妇要买这些家具，所以预先藏在里面；

第二路，是从地板来的，以前的房客就是被它们吵扰而搬走的；

第三路，是从隔壁邻居搬来的，它们只闻知有好的肉味，就要遗弃故人而去讨新人；

臭 虫

第四路，是从洗衣店送来的，洗衣店只替人家洗衣裳，不代人家除臭虫，洗的衣服多，总不免有一两个臭虫代表，或臭虫的蛋混在里面呀；

第五路，是屋主人自己到有臭虫的朋友家里去请来的，或从电车上、戏馆里、菜馆里，一切公共的场所，带回来的。不然，臭虫这小小的东西，只有六只小脚，又不能飞，怎么也会东壁打到西壁，东洋逛到西洋，使全世界都变成它们的殖民地呢？

臭虫倘若只吃一点儿人的血而甘心，还不打紧。被吃的人也不过痒一下，肿一下，痛一下，白天里多打几个呵欠，夏天一过，也就没事了。天晓得，臭虫的秘密被细菌都知道了。细菌欣欣然有喜色，摇着它们的小身，舞着它们的鞭毛，转而相告曰，我们的一宗好交易来了。它们就一面串通了臭虫，一面伺机而移动它们的军队，臭虫们只要自己的大肚皮不减一分，也就无可无不可，然而我们小百姓惨矣。于是黑热病、回归热病、斑疹伤寒、东方疖，甚至于鼠疫都不时兴旺起来了。到了这样凶险的局势，实在不能再容忍了，我们要立刻联合起来打倒臭虫呀。

谈何容易，要实行起来，真是感到万分困难，万分复杂，不知从哪一只臭虫杀起。现在报上广告时常看到有什么虫杀倒、虫敌、虫香、虫粉、虫菊，等等，可知杀虫不无妙药。然而这些都是各自为计，各杀各人床上的臭虫，对于大门外的臭虫，凡是与自身没有直接威胁的臭虫，就漠不相干。谁知臭虫并不认得你是有杀虫药的，只认得你有人肉的气味，杀死了大臭虫，还有小臭虫，杀死了小臭虫，还有臭虫卵，杀尽了臭虫卵，别的人家的大臭虫又会搬过来。臭虫是社会共同的问题，不是个人私有的问题。我们要消灭臭虫，和消灭一切的臭势力一样，要全国一致动员消灭它们存在的条件呀！

衣上的侵略者

记得在 5 个月之前，天气转温的时候，有一天下午，我将一件一件的冬衣，收进一只黑色牛皮箱子里面，忽从箱子里面飞出来一只颠扑不定的小飞蛾，当时我没有追究，让它过去了。

前几天，"九一八"那一天，天气很晴朗，太阳照得挺亮，我打开那一只黑皮箱子，拣点衣服，要拿去晒，这是衣服主人应尽的一点义务。

不料，刚提起一件最心爱的紫褐色绒线衣，只见那衣服的下边，粉粉丝丝、零零碎碎、节节肢解，已为蛀虫所蛀，破烂得可怜。再拣出别件衣服一看，也是如此，东一破，西一洞，没有一件完整的衣衫褂裤得免于难。东一条、西一条，衣缝里夹着好些小棉花卷似的蛀虫的茧。翻至箱底，堆着的尽是无数米色沙粒似的蛀虫的蛋。此外还有两只小巧玲珑的飞蛾扑来扑去，不知又想扑到哪里去下种呢，还是要躲避人类的眼光呢？

我看了这样不妙的惨状，心里又恼又气。

恼的是蛀虫太无礼了，这么野蛮，不讲公理，不去自己开拓自己的食物，专图侵蚀人家完整的东西，它们的生存繁荣要人家衣服的破烂灭亡。这种生物，若任其虫子虫孙横行无忌，贪食无厌，岂不是全世界的衣服都要破烂不堪么？

气的是我自己不细心，不振作起来，迁延姑息，以致酿成这个巨

帝王蛾

祸。衣服的本身，原是如此不动，没有丝毫抵抗力的弱者。然而衣服的主人翁是我，我没有尽保护衣服的责任，不及早预防蛀虫的侵略。当日发现了那一只小飞蛾，为什么那样宽容大度，不把它扑灭，不去追寻它的究竟，现在发生了这个惨变，已迟了，又怪谁呢？

现在事情已坏到这个地步，不是坐在那里长吁短叹乃至哀呼哭诉所能挽回。还是咬紧牙龈，埋头苦干，积极地补一块是一块，救一点是一点，非把驻虫尽驱出衣服圈之外不放手。同时应以冷静的态度，忍耐的心情，观察蛀虫的变化，侦察蛀虫的行迹，切不可因飞蛾的妩媚多态，一时的假情假意，而忘却衣服的大仇，始终要时时刻刻认清敌人用意之所在，一面积极抵抗，一面求自身组织的坚实。诚如是，则大局可定，后患可绝，新造的衣服可以无忧了。

娇娆妩媚的飞蛾是蛀虫的假面具，是蛀虫的化身。蛀虫吃得饱饱的，走都走不动了，于是吐丝自网，倒头便睡，化而为蛹。蛹在茧内，高枕无忧直到醒时，怕人觉察，变成飞蛾，破茧而出，翩翩善舞，人为所惑，不知道它将来所生的儿子就是蛀虫呀！

蛀虫的蛾和蚕的蛾是同宗所出，蚕是蛀虫的哥哥。蝴蝶和蛾是表姊妹，蝴蝶的幼虫是蠋，所以蝴蝶是蛀虫的姨母，蠋是蛀虫的表哥。它们都曾化装，都喜欢用假面具来骗人，面前亲善，暗里藏刀，又善变化，吃饱一变，睡熟再变，醒来三变。虽然，变来变去，终不能逃过科学家尖锐的眼光啊！所以现在它们的秘密生活已全暴露于人类了。

蠋、蚕、蛀虫，三个表兄弟，都是最贪吃的生物，一生不停地吃，吃胀了，嫌旧肚皮太小，脱去了旧肚皮，又长出一个新肚皮。这

蝴蝶化石

样地吃胀脱换，不知经过了几番曲折，直至胀无可胀，脱无可脱，于是就昏昏地欲睡了。它们所能吃的数量实在可惊，有一种专吃橡树叶的美国蚕，自初生至眠伏，所吃橡树叶的总量，约比它自身重 86000 倍咧。

蠋表哥所吃的是绿叶和花瓣。它家里的兄弟很多，各有各的爱吃的植物；有时它们吃的结果，把树上的叶都吃光了，人便不能坐在那树荫底下乘凉。有一种叫作陆军虫，会害农人所种的谷类植物。有一种叫作棉花虫，会吃棉花。在美国南部种棉的农区，每年所受棉花虫的损害，何止 3 千万美元。中国没有统计，其数当亦不少。蠋的确是害虫。不过，当它化身为蝴蝶的时候，诗人看见了，还要赞美几句，说它是浮游自在、艳丽无比的花间仙子。假面具真是可畏。然而，植物在自然界吃的循环中，本来注定给动物吃的，没有说明专供人类独享。所以，说蠋与人竞争则可，说蠋破坏人类的东西则不可。

蚕哥哥，慈眉善目，俯首帖耳，一任人的摆弄。它所吃的是桑叶，农妇村姑勤勤恳恳地亲手摘了桑叶，揩得干干净净地来喂它。它吃饱了，由下唇的小孔吐出一种黏液，见了空气，结成美丽的丝，给她们拿出卖钱，织帛织缎织绸衣。这是人与蚕合作的一个好榜样。蚕是值得我们致敬的一种生物。蚕的蛾，虽也是一种假面具，不过没有什么作用，可以说是它的祖先留下的形态而已。在这里我们还应感谢中华民族的祖先，螺祖给我们发现了这个有功的蛾虫。

短小精悍的蛀虫，比它的蠋表兄和蚕哥哥都小得许多，小得不易使人看见，但是它的形态也和蠋、蚕一样，在显微镜上一映，就真相毕现了。原来它也是软体蠕虫式的昆虫。在它的头后第三节起有三对节足，又有几对没有节的伪足在它的腹部。在它身体的两旁有许多细孔，就是它呼吸用的小空气管，有分支通至全身各部，所以它身体里

蝴蝶猎人

空气的供给也很充足。

蛀虫的形状虽小，蛀虫的野心却甚大。它看见人类的箱子里，排着又肥又美的衣服，即相呼而告曰：这里有许多的食粮！于是携妻挈子，同来吃食。它一批一批的移民，一步一步地进攻，就是想包办这个箱子，盘踞这个箱子，不肯走。惨哉我们的箱子里的居民，遭它们的侮辱、虐待、残杀。

至于蛀虫为什么不去吃天然的青菜绿叶，而专来侵蚀枯黄的丝织品和棉织品，无端破坏我们衣服的完整呢？据我的推测，是有下列两大理由：

第一，在生物进化过程中，蛀虫的出生较迟，天然的植物多已为其他昆虫所据有。蛀虫急得无法，有一天它出外寻觅食物，落在轩辕氏衣冠上，闻得其味香甜可口，寻思衣服就是植物的纤维所织成，植物可吃，衣服当然亦可吃，自此日起，黄帝子孙的衣服时时都发生被吃的危险了。因恐绝粮而来求食，以光明正大的态度相见，或带有某种交换条件，如蚕的丝，则黄帝子孙亦不惜以一两件旧衣旧布款待来宾，彼此互惠，岂有不好！

今不幸蛀虫还存有第二种用意。它以为黄帝的子孙可欺，衣箱可踞，衣服可自由割取，一方以妩媚的飞蛾来假装君子，假意殷勤，一方又以虫兵虫火肆意攻击，则非黄帝子孙所能容忍！

1931 年 9 月 21 日

附

高士其科学诗选摘

天的进行曲（节选）

一

天，什么天？
是屋瓦上的天呀！
是山尖上的天呀！
是原野上的天呀！
是海波上的天呀！
都是我们所熟悉的。

二

天，什么天？
是白昼的天呀！
飞鸟在那儿盘旋，
白云在那儿遨游。
是黑夜的天呀！
星星在那儿聚会，

月亮在那儿独唱；
也都是我们所熟悉的。

三

是彗星的尾巴呀！
是冥王星的边缘呀！
是太阳的黑点呀！
是星云的外围呀！
只有天文学家才知道。

四

天是最伟大的，
也是最广阔的；
天是最深远的，
也是最遥久的。
在客观的世界里，
没有一种东西可以比拟。
在我们的脑海里面，
没有一种理想可以形容。

五

天包罗着一切，
包罗着所有的星云，
包罗着所有的恒星，
包罗着太阳系和它所有的行星和卫星、流星，
也包罗着我们的地球和它所有的生物和非生物。

六

天统一了一切，

统一了黑暗和光明，

统一了寒冷和温暖，

统一了阴电和阳电，

也统一了一切的引力和拒能。

七

天有无限量的过去，

也有无穷尽的未来，

它冲破了一切的时间和空间的束缚，

它打断了一切的历史和自然的锁链。

八

天在变化。

天空变成了天体，

天体变成了天空，

天空就是疏散的天体，

天体就是密集的天空；

像乡村是疏散的城市，

城市是密集的乡村，

像蒸汽是疏散的水点，

水点是密集的蒸汽。

……

二十四

天空,

被看作虚无缥缈的天空,

它不是绝对的空虚,

它是有阻碍力的,

它有极微小的物质存在着,

这样的星光就可以传递,

但是不能毫无阻挡地通行。

二十五

物质,

在恒星上的物质,

在一切天体上的物质,

都是一样的没有差别,

这是化学分光镜的报告,

这些报告指示出来,

不论多么远的星光,

从最近的恒星到最远的星云,

都有稀薄的气体围绕着,

都有游离的原子活动着,

这证明了一切的恒星和星云,

它们的物质构造都是一样的。

二十六

星云，
滔滔滚滚出现在天空的星云，
拥抱着几千万颗恒星在它的怀里。
是恒星最大的集团，
也是产生恒星的母体。
……

三十九

当生物是统一体的时候，
雌和雄是对立的；
当原子是统一体的时候，
质子和电子是对立的；
当太阳系是统一体的时候，
太阳和行星是对立的；
当星云是统一体的时候，
星云的引力和它的拒能是对立的。

四十

天里面有人，
人里面也有天，
天里面的人是什么？
是地球上的人。
人里面的天是什么？
是人身上的电子和质子。

地上面有人，

人上面也有地。

地上面的人是什么？

是两条腿会跑路的人。

人上面的地是什么？

是血里的铁和骨头里的钙和磷。

这样看来，

天和地和人虽然是分离，

却是互相关联着的。

四十一

科学家和哲学家都得到同样的结论：

天也是矛盾和统一的整体，

天也是从不断的斗争中成长起来，

天不是不变的天，

天不是死硬派的天，

天不是顽固分子的天；

太阳不是天空的独裁者，

而是太阳系的领袖，

太阳和其他的恒星一样，

都是天国里的人民；

星云不过是一个大家庭，

地球不过是一个小孩子，

天是人民的天呀！

1946 年 5 月

图书在版编目（CIP）数据

细菌与人 / 高士其著. —北京：中国国际广播出版社，2017. 7
（2020.7重印）
（科普大师经典馆. 高士其）
ISBN 978-7-5078-3966-1

Ⅰ.①细… Ⅱ.①高… Ⅲ.①科学小品－作品集－中国－当代
Ⅳ.① I267.3

中国版本图书馆 CIP 数据核字（2017）第 044688 号

细菌与人

著　　者	高士其	
策　　划	张娟平	
责任编辑	笑学婧　张娟平	
版式设计	国广设计室	
责任校对	徐秀英	

出版发行	中国国际广播出版社 [010-83139469　010-83139489（传真）]	
社　　址	北京市西城区天宁寺前街 2 号北院 A 座一层	
	邮编：100055	
网　　址	www.chirp.com.cn	
经　　销	新华书店	
印　　刷	日照教科印刷有限公司	

开　　本	880×1230　1/32	
字　　数	140 千字	
印　　张	6	
版　　次	2017 年 7 月　北京第一版	
印　　次	2020 年 7 月　第二次印刷	
定　　价	28.00 元	

CRI
中国国际广播出版社

欢迎关注本社新浪官方微博
官方网站 www.chirp.cn

版权所有
盗版必究